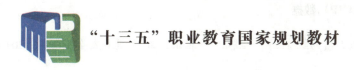

"十三五"职业教育国家规划教材

面部皮肤护理
（第2版）

主编 宫秀红
参编 徐 静 朱东伟

北京理工大学出版社
BEIJING INSTITUTE OF TECHNOLOGY PRESS

版权专有　侵权必究

图书在版编目（CIP）数据

面部皮肤护理 / 宫秀红主编. —2版. —北京：北京理工大学出版社，2019.11（2022.7重印）

ISBN 978-7-5682-7983-3

Ⅰ. ①面… Ⅱ. ①宫… Ⅲ. ①面—皮肤—护理—高等职业教育—教材 Ⅳ. ①TS974.1

中国版本图书馆CIP数据核字（2019）第271301号

出版发行 / 北京理工大学出版社有限责任公司
社　　址 / 北京市海淀区中关村南大街5号
邮　　编 / 100081
电　　话 / （010）68914775（总编室）
　　　　　（010）82562903（教材售后服务热线）
　　　　　（010）68944723（其他图书服务热线）
网　　址 / http://www.bitpress.com.cn
经　　销 / 全国各地新华书店
印　　刷 / 定州市新华印刷有限公司
开　　本 / 787毫米×1092毫米　1/16
印　　张 / 11　　　　　　　　　　　　　　　　责任编辑 / 李慧智
字　　数 / 258千字　　　　　　　　　　　　　　文案编辑 / 李慧智
版　　次 / 2019年11月第2版　2022年7月第2次印刷　责任校对 / 周瑞红
定　　价 / 44.00元　　　　　　　　　　　　　　责任印制 / 边心超

图书出现印装质量问题，请拨打售后服务热线，本社负责调换

教材建设是国家职业教育改革发展示范学校建设的重要内容，作为第二批国家职业示范学校的北京市劲松职业高中，成立了由职业教育课程专家、教材专家、行业专家、优秀教师和高级编辑组成的五位一体的专业教材建设小组，开发设计了符合美容美发技能人才成长规律，反映行业新理念、新知识、新工艺、新材料的发展改革示范教材。

　　本套教材采用单元导读、工作目标、知识准备、工作过程、学生实践、知识链接的教材结构，突出了项目引领、工作导向，在知识准备的基础上，熟悉工作过程、练习操作流程，最终通过实践，达到提高学生职业素养和职业能力的目的。

　　本套书在每一本教材的教材目标设计和选择上，力求对接国家职业资格标准；在每一本教材的教材内容设计和选择上，力求对接典型职业活动；在每一本教材的教材结构设计和选择上，力求对接职业活动逻辑；在每一本教材的教材素材设计和选择上，力求对接职业活动案例。因此，这套教材有利于学生职业素养和职业能力的形成，有利于学生就业和职业生涯的发展。

　　我国职业教育"做中学"的教材、技术类的专业教材基本定型，服务类的专业教材也正逐步走向成熟，文化艺术类的专业教材正处于摸索阶段。一般技术类的专业教材采用过程导向逻辑结构；服务类的专业教材采用情景导向逻辑结构；文化艺术类的专业教材应采用效果导向的逻辑结构。这套美容美发专业的教材，是一次由知识本位到能力本位转型的新的有益探索，向效果导向逻辑结构迈出了一大步。北京市劲松职业高中美容美发专业拥有十分优秀的师资和深度的校企合作，这是他们能够设计编写出优秀教材的基本条件。

随着人们生活水平的提高,对美的追求越发强烈,希望通过护理皮肤来保持肌肤健康状态,延缓衰老。人们的这种巨大需求也为美容行业创造了广阔的市场空间,同时增加了对专业美容技术人才的需求,这为有志于从事美容行业的学生带来了广阔的发展空间。

本书内容符合"理实一体"的课程改革要求及"行动导向"的教学改革要求,其设计理念致力于四个体现:体现职教特色与学生终身发展需要,紧密结合社会经济发展和市场经济的需求并与之相适应,关注学生的认知规律和职业成长发展规律;体现职业教育课改思想,以工作过程系统化、典型工作项目化为基础,以工作单元为载体,遵循"教学做合一"的基本原则;体现校企合作、工学结合的基本特征,教学内容符合岗位特点,针对工作项目训练技能,针对岗位标准实施考核评价;体现行动导向的教学思想,教学模式多样化,遵循"以人为本""做中学"的教学原则。

本书内容以掌握实用操作技能为根本出发点,按照知识准备、工作过程、学生实践和知识链接排列,其中工作过程包括"工作标准"、"关键技能"和"操作流程",学生实践包括"布置任务"和"工作评价"。使学生在学习理论知识的同时,掌握操作的关键技能,并通过实践活动巩固所学知识,通过知识链接拓展其知识面。为了增加直观效果,书中还穿插了相关实际操作图片,增加了教材的实用性。

本书由宫秀红担任主编，各部分编写成员分别为：宫秀红（单元一、单元二）、徐静（单元三），教学视频的操作者为徐静、朱东伟。教学视频的配音者为宫秀红。北京市劲松职业高中原校长贺士榕及杨志华、郝桂英老师对本书的编写工作提供了大力支持，在此一并表示衷心的感谢。

由于编者水平有限，书中难免有不妥和疏漏之处，还望广大读者批评指正。

编　者

目录 CONTENTS

单元一　正常皮肤护理

单元导读 ··· 2
项目一　清洁护理 ·· 3
项目二　按摩护理 ··· 28
项目三　面膜护理 ··· 47
专题实训 ·· 58

单元二　损美性皮肤护理

单元导读 ·· 62
项目一　痤疮皮肤护理 ·· 63
项目二　敏感性皮肤护理 ··· 80
项目三　晒伤皮肤护理 ·· 93
项目四　色斑皮肤护理 ·· 102
专题实训 ··· 119

单元三　衰老性皮肤护理

单元导读 ·· 122
项目一　紧致提升皮肤护理 ·· 123
项目二　眼部皮肤护理 ·· 138
项目三　祛皱皮肤护理 ·· 151
专题实训 ··· 167

单元一　正常皮肤护理

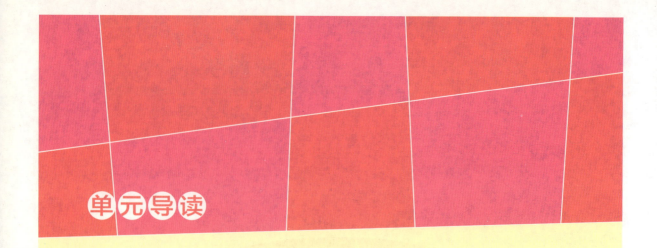

单元导读

内容介绍

面部皮肤护理,是在科学美容理论指导下,运用科学的方法,专业的美容技艺、美容仪器及相应的美容护肤品,来维护和改善人体面部皮肤,使其保持良好的健康状态,延缓其衰老过程。

单元目标

①了解皮肤基本结构及类型特点。
②掌握面部护理产品的成分及作用。
③掌握面部护理的基本方法。
④能够按照正确的护理程序完成面部护理操作。
⑤树立以人为本、顾客至上的服务意识。
⑥培养敬业、精益、专注、创新的工匠精神。

 清洁护理

项目描述：

清洁护理是指通过使用洁肤类产品，结合专业的操作手法，完成卸妆、洗面和去角质等操作步骤，达到彻底清除皮肤表面的污垢、化妆品、皮肤分泌物及代谢废物，使皮肤保持清洁健康，预防各种皮肤问题的产生，并使皮肤得到放松，充分发挥皮肤的生理功能的目的。

工作目标：

①了解皮肤基本结构及类型特点。
②掌握面部清洁护理产品的成分及作用。
③掌握面部清洁护理的基本方法。
④能够按照正确的护理程序完成面部清洁护理操作。

一、知识准备

（一）皮肤的基本结构（见图1-1-1）

皮肤，是人体面积最大的器官，是人体最外层的柔软而有弹性的组织。皮肤的厚度随年龄、部位的不同而有所差异，平均厚度为0.5~4.0mm。其中手掌和足底的皮肤最厚，眼睑和腋窝部位的皮肤最薄。

皮肤由表皮、真皮、皮下组织、皮肤附属器【即皮脂腺、汗腺、毛发和指（趾）甲等】构成，并有丰富的神经、血管、淋巴管及肌肉。

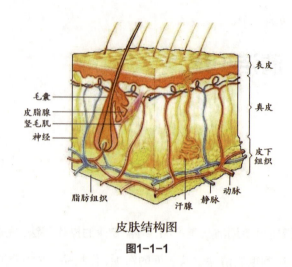

皮肤结构图

图1-1-1

1. 表皮

表皮是皮肤的最外层，没有血管，但有丰富的神经末梢，可以感知外界的刺激，从而产生触、痛、压力、冷、热等感觉。

表皮层根据角质形成细胞各发展阶段的特点由外向内分为角质层、透明层、颗粒层、棘细胞层和基底层（见图1-1-2）。

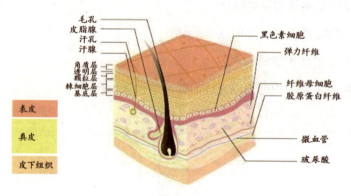

图1-1-2

角质层在表皮的最外层，由4~8层扁平无核的角化细胞组成，含有角蛋白，具有较强的吸水性，并能吸收部分紫外线。细胞排列紧密，能抵抗摩擦，防止体液外渗和化学物质内侵，对人体具有较强的保护作用。皮肤各部位的角质层厚度不同，易受外界压力和摩擦的部位（如手掌、足底角质层）较厚，而眼睑、腋窝和头皮等处的角质层较薄。角质层的厚薄对人的肤色和吸收能力有一定的影响，角质层厚，皮肤会显得灰暗，吸收能力也较差。

透明层位于颗粒层和角质层之间，由2~3层扁平无核细胞构成，因细胞内含有角母蛋白，故呈透明状。透明层仅见于手掌、足跖部，具有防止水分、电解质与化学物质通过的屏障作用。

颗粒层位于棘细胞层的上方，由2~4层较厚的扁平菱形细胞组成，可防止体内水分、电解质的流失，并可防止体外水分及有害物质的进入。颗粒层能够折射紫外线，保护皮肤，细胞在该层成熟并开始退化。

棘细胞层位于基底层的上方，由4~8层多角形的棘细胞构成，是表皮中最厚的一层，可以为表皮细胞提供营养。棘细胞层中有许多感觉神经末梢，可以感受外界各种刺激。邻近基底层的细胞具有分裂繁殖能力，参与伤口愈合的过程。

基底层位于表皮的最深层，在棘细胞层下，邻接真皮，是表皮生长的基地。此层含有基底细胞和黑色素细胞。基底细胞具有很强的分裂繁殖能力，是表皮各层细胞的生发之源，故又称为生发层。当表皮破损后，若基底细胞未遭到破坏，经过一段时间，皮肤就能完全恢复正常，而且不会留瘢痕。黑色素细胞具有合成黑色素的功能。皮肤长时间受紫外线照射后，可使黑色素增多并向表层转移，皮肤中含的黑色素颗粒增多，肤色就会加深，这是皮肤对阳光的抵抗能力所致。不论何种颜色的皮肤，其黑色素细胞数目是没有明显差异的，肤色的深浅主要是由黑色素颗粒的大小和数量决定的。

2. 真皮

真皮位于表皮之下，由纤维（胶原纤维、网状纤维和弹力纤维）、细胞和基质构成。真皮内有毛囊、汗腺、皮脂腺、神经、血管和淋巴管等。真皮层含较多的水分，皮肤湿润坚实与否，有无弹性，主要由真皮决定。

3. 皮下组织

皮下组织位于皮肤最深层，由疏松的结缔组织和脂肪组织构成。皮下组织能防止散热，储存热能，并可缓冲外来的机械性冲击。腹部皮下组织中的脂肪丰富，而眼睑等部位皮下组织较薄。

4. 皮肤附属器官

皮肤附属器官包括皮脂腺、汗腺、毛发及指（趾）甲等。

皮脂腺除手掌、足底外，分布于全身，以头面部最多，其次为前胸和背部。皮脂腺位于真皮内，与毛囊相连，开口于毛囊，可分泌皮脂。皮脂有润滑和保护皮肤、毛发的功能，也有杀菌作用。若面部皮脂分泌较多，毛囊口被阻塞或受细菌入侵，则易形成痤疮。

根据汗腺分泌物的不同，分为小汗腺和大汗腺。小汗腺除唇部、指甲等处外，遍布全身。它分泌汗液，通过排汗散热和调节体温，并且排泄废物。汗液中含有较多的氯化钠，因此大量出汗后应适当补充盐和水。大汗腺主要分布于腋窝、乳晕、脐窝、外阴及肛门周围等处。大汗腺的分泌物较浓稠，经细菌作用后可以产生臭味，俗称"狐臭"。

（二）皮肤的类型及特点

人的皮肤按其皮脂腺的分泌状况，一般可分为中性皮肤、干性皮肤、油性皮肤和混合性皮肤四种类型。在清洁护理中要根据皮肤的不同类型选用适宜的洁面产品，才能使肌肤保持健康的状态。

1. 中性皮肤

中性皮肤是健康、理想的皮肤。其皮脂腺、汗腺的分泌量适中，皮肤既不干燥也不油腻，红润细腻而富有弹性，毛孔较小，厚薄适中，对外界刺激不敏感，没有皮肤瑕疵。中性皮肤多见于青春期前的少女，皮肤pH值在5~5.6之间。

2. 干性皮肤

干性皮肤白皙、毛孔细小而不明显。皮脂分泌较少，皮肤易干燥，易起细小皱纹，对外界刺激较敏感。干性皮肤的pH值在4.5~5之间，干性皮肤可分为干性缺水和干性缺油两种皮肤类型。

干性缺水皮肤多见于35岁以上年龄的人，皮肤较薄，干燥而不润泽，可见细小皮屑，皱纹较明显，皮肤松弛缺乏弹性。

干性缺油皮肤多见于年轻人，由于皮脂分泌量少，不能滋润皮肤，导致皮肤缺油。皮肤缺油常伴有皮肤缺水，皮脂分泌量少，皮肤较干，缺乏光泽。皮纹细致，毛孔细小不明显，常见细小皮屑。

3. 油性皮肤

油性皮肤的皮脂腺分泌旺盛，皮肤油腻光亮，肤色较深，毛孔粗大，皮纹较粗。对外界刺激不敏感，不易产生皱纹，但易生粉刺、痤疮。油性皮肤多见于青春期至25岁的年轻人，pH值在5.6~6.6之间。

4. 混合性皮肤

混合性皮肤兼有油性皮肤和干性皮肤的特征，在面部T型区呈油性状态，眼部及两颊呈干性状态。

(三)清洁护理主要产品介绍

1. 清洁霜

清洁霜是以矿物油为主的清洁用品,其主要成分是蜡、羊毛脂、香精、乳化剂、矿物油和去离子水等,可以溶解脂溶性污垢和积存在毛孔内的多余油脂和污垢,常用于卸妆,也是油性皮肤面部清洁的最佳用品。

2. 卸妆油

卸妆油的主要成分是纯植物油和乳化剂,能够将油溶性污垢更加彻底地清除,常用于卸妆。

3. 卸妆水

卸妆水的主要成分是去离子水、保湿剂、表面活性剂如(多元醇)等,具有良好的亲肤性,不油腻,易于清洗,主要用于清洁面部彩妆,提高洁肤效果。

4. 洗面奶

洗面奶是以清洁皮肤为目的的面部专用清洁用品,其主要成分是表面活性剂、高级脂肪酸、羊毛脂、甘油、丙二醇等。乳液状洗面奶相对温和一些,去脂力中等,适合中、干性皮肤全年使用,洁面泡沫、洁面啫喱适合油性或混合性皮肤夏季使用。

5. 去角质膏

去角质膏是一种对皮肤的老化角质细胞有剥蚀作用的深层清洁产品,其主要成分是微酸性的海藻胶、水杨酸、润滑油脂、胶合剂、合成聚乙烯等。需要注意的是使用后皮肤若出现刺痛、刺痒等敏感现象,应立即用大量清水洗净,并避免再次使用。

6. 化妆水

化妆水的主要成分是去离子水、醇类、保湿剂、柔软剂、增溶剂等,是一种兼具清洁、收敛、营养、抑菌等多种功能的液体产品,能够在面部清洁后给皮肤的角质层补充水分及保湿成分,以调整皮肤的生理功能。

化妆水可分为保湿水、营养水、美白水和收缩水。其中保湿水质地温和,可滋润、保护皮肤,补充水分,令皮肤感觉清新、舒畅,适用于中性、干性、油性及混合性皮肤。

7. 润肤霜

润肤霜的主要成分是蜂蜡、羊毛脂、甘油等,可营养、滋润皮肤,补充皮肤水分和油分,其pH值与皮肤的pH值接近,利于皮肤吸收,可使皮肤保持水分平衡、柔软细腻。

8. 眼霜

眼霜可有效消除眼部皱纹，缓解眼部水肿，淡化黑眼圈，滋养眼部皮肤。

9. 防晒霜

防晒霜具有吸收和散射紫外线，避免或减轻皮肤晒伤、晒黑的作用。

（四）仪器与用具

1. 面部清洁用具与产品

洗手液

70%酒精

洁面巾

棉片

纸巾

洗面盆

棉签

卸妆液

洗面奶

保湿水

润肤霜

眼霜

2. 奥桑喷雾仪

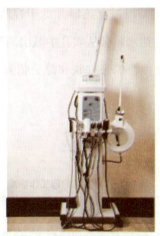

奥桑喷雾仪是皮肤护理过程中必不可少的美容仪器。奥桑是臭氧（Ozone）的音译，臭氧分解产生氧气和负离子氧，负离子氧具有使尘埃沉淀和消毒杀菌的作用。负离子氧也称游离态氧，极易复合成氧气，具有穿透力，进入皮肤血管后，可增加血液含氧量。

奥桑喷雾仪具有以下功能：

（1）杀菌、消毒。

（2）降低皮脂腺分泌。

（3）给皮肤提供活性氧。

奥桑喷雾仪产生的蒸汽是由盛水瓶中的蒸馏水经电热器加热至沸腾产生汽化所形成的。在喷气发生器内装有臭氧灯，可以对即将喷出的蒸汽进行消毒杀菌。负离子氧通过蒸汽喷射到顾客面部从而达到护理的作用。

奥桑喷雾仪产生的蒸汽的具有以下功能：

（1）促使毛孔张开，便于深入清洁毛孔里的污垢、油脂等。

（2）软化表皮坏死细胞，便于将其清除。

（3）促进皮脂腺、汗腺的正常分泌、排泄。

（4）促进脸部血液循环。

（5）促进皮肤柔软、红润。

（6）让顾客感到轻松、舒适。使用奥桑喷雾仪的注意事项：

（1）必须使用纯净水，切忌使用自来水，自来水中的杂质沉积于电热器外部，会降低电热器的导热性。

（2）盛水容器里的水位一定要没过电热器并低于容器内的红色标志线，如果水位过低仪器会自动关闭，而水位过高时，热水就会从喷孔中溅出，烫伤顾客的面部皮肤，造成事故。

（3）对于严重过敏皮肤、微血管扩张皮肤和曾受刺激皮肤不宜使用奥桑喷雾仪。

二、工作过程

（一）工作标准（见表1-1-1）

表1-1-1　清洁护理工作标准

内　容	标　准
准备工作	工作区域干净整齐，工具齐全码放整齐，仪器设备安装正确，个人卫生、仪表符合工作要求
操作步骤	能够独立对照操作标准，使用准确的技法，按照规范的操作步骤完成实际操作
操作时间	10分钟内完成任务
操作标准	清洁护理步骤正确
	清洁手法娴熟
	清洁无残留
	在操作过程中适当与顾客沟通
	能够向顾客清楚地说出操作步骤
整理工作	工作区域干净整洁无死角，工具仪器消毒到位，收放整齐

（二）关键技能

1. 操作前准备工作

铺床
准备两条大毛巾，三条小毛巾。

将一条大毛巾横向覆盖在美容床上,将第二条大毛巾铺在第一条毛巾上面,并将床头处毛巾一角折起。

将一条小毛巾覆盖在枕头上,另一条小毛巾的长边向下折两厘米左右,折边向下,铺在枕头上,第三条小毛巾折叠放在枕头旁边。

消毒
用浓度为70%的酒精棉球消毒双手(手心、手背)。

为顾客包头
让顾客的头躺于毛巾中央,毛巾的折边与后发际平齐。

右手拿住折边一端沿发际从耳后往另一端拉紧至额部压住头发,左手同时配合将包住的头发拢向耳后。

用同样的方法拉起毛巾一角往另一角压住发际头发。

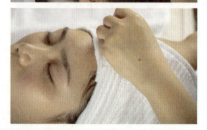

将毛巾塞进折边内固定好。

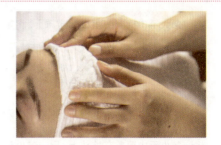

将包好的毛巾向后拉至发际。

将另一条毛巾一边斜放在顾客胸前。

另一端呈"V"形反折过来。

将顾客衣领包住以免弄脏衣服。

2. 卸妆

消毒
用酒精棉球消毒双手。

放棉片
请顾客闭上眼睛。
将蘸清水的棉片对折后横放在下眼睑的睫毛根处。

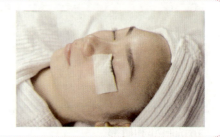

清洗上睫毛
左手拇指和食指按住棉片,右手持蘸有卸妆液的棉棒,从睫毛根部向睫毛尖方向清洗。
顺着上睫毛生长的方向,分别对双眼上睫毛进行滚动式清洗。

清洗上眼线
更换新的蘸有卸妆液的棉棒,由内眼角至外眼角进行拉抹清洗。

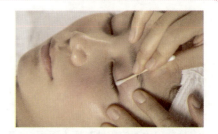

将棉片取下
双手拇指和食指夹住两侧的棉片撤离面部,请顾客睁开双眼。

清洗下眼线

左手拇指将顾客下眼睑向下轻拉,右手持蘸有卸妆液的棉棒,由内眼角至外眼角进行滚抹。
分别清洗双眼的下眼睫毛线。

清洗眼部和眉部

将蘸有卸妆液的棉片对折成双层,分别盖住眼部和眉部,并同时向两侧拉抹。
将棉片反折,重复使用。

清洗唇部

将蘸有卸妆液的棉片对折成双层,左手手指压住一边嘴角,右手用棉片从一侧向另一侧拉抹,然后将棉片打开反折,重复使用,清洗唇部。

3. 洁面

倒洗面奶
将适量洗面奶放在左手手背虎口的上方。

涂洗面奶
用中指、无名指将洗面奶分别放置在顾客面部六个平面点上：前额、双颊、鼻头、下颌部、颈部，再用双手中指、无名指将其均匀抹开。

洗面

双手中指、无名指并拢，由鼻根两侧拉抹到前额。

清洁额部：以眉心、额中心、发际线中线为起点，由内向外分三行打圈到太阳穴。

清洁眼部：双手中指、无名指分别沿两侧眼眶由两侧太阳穴向下绕眼眶进行圈揉。

清洁面颊：双手中指、无名指分别在两侧面颊向上、向外打圈。

双手中指、无名指分别于下颌处，做向耳底的向上向外的打圈动作。

清洁口周：双手中指、无名指做由下颌绕嘴角至人中的往返动作。

清洁鼻部：双手中指做由人中绕鼻翼至鼻尖的往返动作。

双手中指于两侧鼻窝处向下打小圈。

双手中指沿鼻梁两侧上下拉抹。

清洁颈部:双手五指并拢,于颈部交替向上拉抹。由一侧耳底向另一侧往返,做满颈部。

擦净洗面奶

擦洗眼部:双手拇指在下,其余手指在上夹住洁面巾,在眼部向外平拉擦洗。

擦洗唇部:相同手法握住洁面巾在唇部向外平拉擦洗。

擦洗颈部:相同手法握住洁面巾,沿下颌部向下擦洗颈部,由一侧耳底至另一侧后再返回,直至擦洗干净。

擦洗嘴周:相同手法由下颌绕嘴周至人中,往返擦拭。

擦洗面颊：放平洁面巾，同时变为四指在上、拇指在下，将洁面巾平拉擦抹至两侧太阳穴。

擦洗鼻部：相同手法由人中绕鼻翼至鼻尖往返擦拭。

相同手法握住洁面巾，于两侧鼻窝处向外打圈擦拭，然后沿鼻梁两侧向上拉至前额处。

擦洗额部：双手拇指在下，其余手指在上，将洁面巾平铺，在前额向外平拉。

4. 蒸面

注水

将纯净水注入玻璃烧杯内至红色标准线下，水位要高于电热元件。
注意：必须使用纯净水。

开启奥桑喷雾仪
接通电源，打开开关，调整时间，等待5~6分钟后有雾状气体产生。

保护
将湿棉片覆盖在顾客眼部以防被蒸汽烫伤。

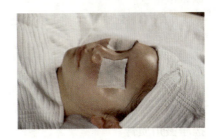

蒸面
待蒸汽由喷孔喷出后，先观察气体有无异样，再将喷孔对准顾客的面部下颌部位，随后蒸汽可向上推移蔓延到面部。蒸面可促进毛孔张开，便于清洁，同时可促进血液循环，使皮肤柔软红润。注意切勿将喷孔对准顾客的口、鼻部，以免造成顾客呼吸不适或憋气。
注意：根据皮肤类型调节喷孔与顾客皮肤的距离及蒸面时间。中性、油性和混合性皮肤，喷口与面部的距离为25厘米，时间为5~8分钟；干性皮肤，喷口与面部的距离为35厘米，时间为3~5分钟；严重过敏皮肤、微血管扩张皮肤不宜使用奥桑喷雾仪。

关闭奥桑喷雾仪
关闭开关、切断电源。

5. 去角质

涂去角质膏
将去角质膏均匀涂于前额、鼻尖、双颊、下颌和颈部，在整个脸部和颈部薄薄涂抹开，停留5分钟，避开唇部和眼部周围。

放纸巾
将纸巾放于顾客面部周围，用于接住剥落下来的小颗粒，以免弄脏顾客衣物。

搓净去角质膏
左手食指、中指轻轻绷紧局部皮肤，右手食指、中指指腹从颈部开始自下而上拉抹，一直向上移动到下巴、脸颊，将皮肤上的去角质膏搓净。

用拇指向外拉抹上唇部位。

用中指和食指向外拉抹鼻子部位。

双手交替滚动，搓净额头部位的去角质膏。

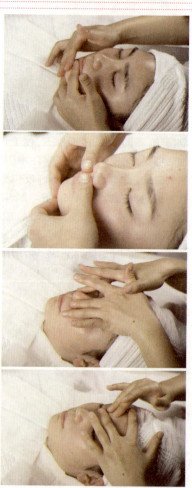

清洗面部
用清水清洗面部，擦掉面部剥落的颗粒。

6. 基本保养（润肤）

擦拭皮肤
用蘸有化妆水的棉片按照面部按摩基本方向擦拭皮肤。

拍化妆水
用点弹的手法促进皮肤吸收增加皮肤弹性。

涂眼霜
滋润眼部皮肤。

涂润肤霜
滋润皮肤。

涂防晒霜
保护皮肤。

(三) 操作流程

接待与咨询
了解顾客的皮肤类型及制定适宜的皮肤护理方案。

准备产品
按照面部清洁操作流程从左至右依次摆放产品为70% 酒精、卸妆产品、清洁产品、化妆水、去角质产品、润肤霜。

操作前准备工作
按操作规程依次完成铺床、清洁双手、包头、给双手消毒等操作前准备工作。

卸妆
使用蘸有卸妆液的棉片和棉签清洁面部彩妆。

项目一 清洁护理 23

洁面
使用洗面奶清洁面部皮肤。
注意：避免产品进入顾客眼睛里。

爽肤
使用蘸有保湿化妆水的棉片以面部按摩基本方向擦拭面部。彻底清洁，平衡皮肤pH值。

以点弹、轻拍的手法按摩，促进皮肤吸收，增加皮肤弹性。

观察皮肤状况
目测顾客皮肤毛孔粗细、有无瑕疵、有何异常反应。

蒸面
使用奥桑喷雾仪蒸面，时间为5分钟。

去角质
细心观察皮肤去角质后的状态及清洁度。

基本保养
涂爽肤水、眼霜、面霜,滋润保护皮肤。

护理结束
告知顾客护理流程结束并扶顾客起身。

三、学生实践

(一)布置任务

活动:面部清洁

在美容实训室,根据面部清洁的操作步骤和要求,两人一组轮换进行面部清洁操作练习。

练习前先考虑以下问题:

(1)为什么要为顾客包头和搭肩巾?操作是否符合标准?

(2)根据顾客的皮肤类型选择的清洁产品是否适合?

(3)为顾客做面部清洁护理时步骤及动作是否规范正确?

(4)面部清洁应该达到什么效果?

要求：

每位同学在练习中一定要按照规范流程完成面部清洁护理操作。

(二) 工作评价（见表1-1-2）

表1-1-2　清洁护理工作评价标准

评价内容	评价标准			评价等级
	A（优秀）	B（良好）	C（及格）	
准备工作	工作区域干净整齐，工具齐全，码放整齐，仪器设备安装正确，个人卫生仪表符合工作要求	工作区域干净整齐，工具齐全，码放比较整齐，仪器设备安装正确，个人卫生仪表符合工作要求	工作区域比较干净整齐，工具不齐全，码放不够整齐，仪器设备安装正确，个人卫生仪表符合工作要求	A B C
操作步骤	能够独立对照操作标准，使用准确的技法，按照规范的操作步骤完成实际操作	能够在同伴的协助下对照操作标准，使用比较准确的技法，按照比较规范的操作步骤完成实际操作	能够在老师的指导帮助下，对照操作标准，使用比较准确的技法，按照比较规范的操作步骤完成实际操作	A B C
操作时间	10分钟内完成任务	10分钟内在同伴的协助下完成任务	10分钟内在老师帮助下完成任务	A B C
操作标准	清洁步骤正确	清洁步骤正确	清洁步骤基本正确	A B C
	清洁手法娴熟	清洁手法娴熟	清洁手法基本正确	A B C
	清洁无残留	清洁无残留	清洁有少量残留	A B C
	在操作过程中适当与顾客沟通	在操作过程中能与顾客沟通	在操作过程中与顾客有简单沟通	A B C
	能够向顾客清楚地说出操作步骤	能够向顾客说出操作步骤	能够向顾客说出操作基本步骤	A B C
整理工作	工作区域干净整洁无死角，工具仪器消毒到位，收放整齐	工作区域干净整洁，工具仪器消毒到位，收放整齐	工作区域较凌乱，工具仪器消毒到位，收放不整齐	A B C
学生反思				

四、知识链接

(一) 皮肤的生理功能

皮肤是人体的保护器官，有对机械性损伤、物理性损伤、化学性损伤和生物性损伤的防护功能。皮肤是最重要的体温调节器，此外，皮肤还有调节体温、感觉、分泌、排泄、吸收、呼吸和代谢等功能。

1. 保护功能

对机械性损伤的防护：当皮肤受到外界撞击、摩擦等机械作用时，可以迅速恢复原状，保持完整。

对物理性损伤的防护功能：干燥的角质层是电的不良导体，但真皮与皮下组织却是电的导体，如果角质层受损，则丧失其对电的阻隔能力。黑色素能吸收紫外线，从而保护人体的深部组织。

对化学性损伤的防护功能：角质层表面有一层由皮脂和汗液混合而成的皮脂膜，内含游离脂肪酸。正常皮肤呈弱酸性，对碱性物质有缓冲作用，接触碱性溶液的最初的5分钟，皮肤的中和能力最强，可恢复其原有的酸碱度。皮肤对酸性物质也有一定的缓冲作用，弱酸对皮肤有收敛作用。

对生物性损伤的防护：由于皮肤的弱酸性不利于微生物的生长，因此角质层可以阻止细菌和病毒侵入皮肤内，游离脂肪酸对某些细菌及真菌有抑制作用。

2. 调节体温功能

皮肤是最重要的体温调节器官，可通过辐射、蒸发、对流和传导方式散热，以调节体温。

3. 感觉功能

皮肤是一个重要的感觉器官，神经末梢和特殊感受器广泛分布在表皮、真皮及皮下组织内，以感受机体内外各种刺激。正常皮肤可以感受痛、温、触、压、痒等不同刺激，并迅速传递到大脑，引起必要的保护性神经反射。

4. 分泌和排泄功能

皮肤通过汗腺、皮脂腺进行分泌和排泄。

5. 吸收功能

皮肤可通过角质层、毛孔、汗孔吸收各种物质，尤其对水分、脂溶性物质、油脂类物质及各种金属均有较强的吸收作用。因此，在选择化妆品时，必须选择皮肤容易吸收且有利于身体健康的化妆品。

6. 呼吸功能

皮肤有直接从空气中吸收氧气、放出二氧化碳的功能。面部皮肤角质层薄，毛细血管网丰富，又直接处于空气中，故其呼吸功能比其他部位更加突出。儿童的面部吸氧量更大，因此选儿童护肤品时必须加以注意。

7. 新陈代谢功能

皮肤的细胞有分裂、繁殖、更新代谢的能力。皮肤的新陈代谢功能在晚上10:00至早晨2:00最为活跃，在此期间保持良好的睡眠对皮肤大有好处。

（二）磨砂膏和去角质膏的区别

磨砂膏是一种在清洁护肤用品的基础上添加了某些极微细的砂质颗粒而制成的化妆品，可用其摩擦洁面，并除去皮肤表面角质层老化或死亡的细胞。用磨砂膏去角质属于物理性去角质的方法。

主要成分：高级脂肪酸、羊毛脂、蜂蜡、摩擦剂（如杏壳、石英精细颗粒等）。

注意事项：用磨砂膏去角质对皮肤的刺激性较大，不方便清洗，宜尽量不用或少用。使用磨砂膏时应避开眼周，敏感性皮肤、毛细血管扩张皮肤及严重的痤疮皮肤不能使用磨砂膏。

去角质膏是一种对皮肤的老化角质细胞有剥蚀作用的深层清洁产品。用去角质膏去角质是利用其所含的化学成分，使坏死细胞软化脱落，快速清除老化角质，属于化学性去角质方法。

主要成分：微酸性的海藻胶、水杨酸、润滑油脂、胶合剂、合成聚乙烯等。

注意事项：皮肤可能会出现敏感现象，若使用后出现刺痛、刺痒感，应立即用大量清水洗净，并避免再次使用。

项目二 按摩护理

项目描述：

面部按摩是指在整个面部涂抹按摩产品，并运用适宜的手法进行按摩的过程。按摩是最有效的护肤方法之一，可以增加血液循环，促进新陈代谢，使皮肤得以滋养和舒展，同时还可结实肌肉，恢复皮肤弹性，缓解身体疲劳。

工作目标：

①掌握皮肤的按摩特点。
②掌握面部按摩产品的成分及作用。
③知道面部主要穴位的位置和作用。
④掌握面部按摩的基本方法。
⑤能够按照正确的护理程序完成面部按摩护理操作。

一、知识准备

(一) 不同皮肤的按摩特点

干性皮肤的主要特点是皮脂分泌少，按摩时应使用油脂含量充足的滋养按摩膏，按摩中宜采用刺激皮脂分泌的以按抚法为主的手法，按摩时间为15~20分钟。

油性皮肤皮脂分泌旺盛，按摩时应使用水分含量较多的按摩乳或帮助平衡油脂的按摩啫喱。按摩中不宜过多使用会刺激皮脂分泌的按抚法，宜采用帮助排泄油脂的捏按法，按摩时间不宜过长。

(二)按摩护理主要产品介绍

1. 按摩膏

按摩膏可以滋润皮肤,减少摩擦,具有保护皮肤的作用,同时可以排出体内废物,适量补充皮肤营养,使皮肤柔软、润泽。

按摩膏的主要成分是羊毛油、蜂蜡、乳化剂、卵磷脂、抗氧化剂、去离子水等。按摩膏中添加不同的添加剂,适合不同类型的皮肤,如添加人参、维生素E、芦荟等润肤、保湿成分,适用于中性皮肤和干性皮肤;添加薄荷、金缕梅、柠檬等具有收敛、减少皮脂分泌作用的成分,适用于油性皮肤。

按摩膏含有丰富的油分,用后需将皮肤清洗干净,以保证皮肤的呼吸功能。

2. 按摩啫喱

按摩啫喱的含水量大,可以润滑皮肤,为皮肤补充水分。按摩啫喱的主要成分是高分子胶体、水、保湿剂、防腐剂,是无油配方,不会造成毛孔阻塞,适用于油性皮肤。

(三)头面部常用穴位(见图1-2-1)

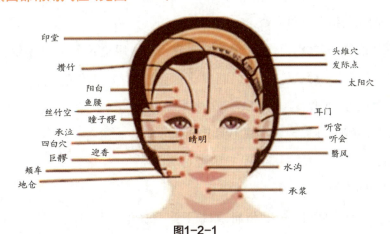

图1-2-1

1. 百会

定位:两耳尖直上连线与头部前后正中线的交点。

作用:强健精神、振奋阳气,用于失眠健忘、头晕目眩、耳鸣、鼻塞等。

2. 风府

定位:颈后发际正中直上1寸处。

作用:用于治疗感冒头痛、眩晕、眼病、四肢麻木、颈项强痛等。

3. 风池

定位：胸锁乳突肌与斜方肌上端之间的凹陷处，入后发际1寸。

作用：通疏脑络、利肩背，用于改善偏头痛、头晕目眩、项背不舒等。

4. 神庭

定位：前发际正中直上0.5寸。

作用：用于治疗头痛、眩晕、鼻塞、失眠。

5. 印堂

定位：两眉头连线的中点，对准鼻尖处。

作用：改善头痛、眩晕、鼻塞、失眠。

6. 攒竹

定位：眉头内侧凹陷处。

作用：改善和治疗头痛、流泪、视物不清、角膜白斑等。

7. 睛明

定位：眼内眦角稍上方凹陷处。

作用：明目益脑、宣畅泪道，用于改善视疲劳、弱视、眼睑下垂、眼角皱纹等。

8. 瞳子髎

定位：目外眦旁0.5寸。

作用：明目，柔润眼肌，改善远视不明及内斜视等。

9. 丝竹空

定位：眉梢凹陷处。

作用：用于治疗头痛、目昏花、齿痛、眼睑下垂、脱屑。

10. 太阳穴

定位：眉梢与外眼角连线中点外1寸凹陷处。

作用：醒脑、明目，用于改善一切目疾、头痛、牙痛、面神经麻痹。

11. 鱼腰

定位：眉毛中点与瞳孔直对处。

作用：用于治疗偏头痛、眼睑下垂、眼红肿疼痛、近视、面神经麻痹。

12. 承泣

定位：眼平视，瞳孔直下0.7寸，眼球与眶下缘之间下眶边缘。

作用：用于治疗结膜炎、近视、散光、夜盲、口眼歪斜等。

13. 颧髎

定位：目外眦直下，颧骨下缘凹陷处。

作用：用于治疗眼口下垂、齿痛、颊肿、目黄。

14. 巨髎

定位：目正视，瞳孔直下，鼻翼下缘处。

作用：改善眼口下垂、齿痛、唇颊肿痛。

15. 四白

定位：目正视，瞳孔直下约1寸，眶下孔凹陷处。

作用：润泽面部肌肤，提高下眼睑张力，改善下眼睑肿坠及视物昏花。

16. 迎香

定位：鼻翼旁开0.5寸。

作用：用于治疗鼻塞、鼻炎、面神经麻痹。

17. 人中

定位：鼻唇沟中，上1/3处。

作用：醒脑提神，镇静宁志，用于治疗昏迷、晕厥、中暑、面瘫、面肿等。

18. 下关

定位：颧弓下缘凹陷处，下颌骨髁状突的前方。

作用：用于治疗牙痛、牙关开合不利、耳聋、耳鸣等。

19. 耳门

定位：耳屏上切迹前，下颌骨髁状突后缘张口凹陷处。

作用：改善耳聋、耳鸣、齿痛、颈项痛。

20. 听会

定位：听宫下方，与耳屏切迹相平。

作用：改善耳聋、耳鸣、腮肿，防治咬肌痉挛。

21. 听宫

定位：耳屏中点前缘与下颌关节间凹陷处。

作用：聪耳利齿，用于改善耳聋、耳鸣、中耳炎、外耳道炎、幻听等。

22. 翳风

定位：耳垂后方下颌角与颞乳突之间凹陷处。

作用：清火聪耳，用于纠正口眼歪斜，改善耳聋、耳鸣、脱颌、齿痛等。

23. 翳明

定位：项部，翳风穴后1寸。

作用：改善近视、远视、头痛、眩晕、耳鸣等。

24. 地仓

定位：口角旁开0.4寸。

作用：用于治疗眼口歪斜、流涎，消除口角皱纹，改善面肌发麻或跳动。

25. 素

定位：鼻尖处。

作用：用于治疗鼻炎、鼻出血、休克、惊厥等。

26. 承浆

定位：颏唇沟中的正中陷处取穴。

作用：疏柔唇口、固齿洁龈，用于改善面神经麻痹、流涎、牙痛等。

27. 大迎

定位：颌角前下1.3寸骨陷处。

作用：用于治疗口下垂、颊肿、齿痛。

28. 颊车

定位：下颌角前上方一横指凹陷处，咀嚼时咬肌隆起最高处。

作用：舒展面肌，消除麻痹，纠正口歪，调和面颊机能。

29. 阳白

定位：额部，瞳孔直上，眉上1寸处。

作用：用于改善面部皱纹、迎风流泪、眩晕、眼睑下垂、面肌痉挛。

30. 头维

定位：头侧部，额角发际上0.5寸，头正中线旁4.5寸处。

作用：用于改善面部皱纹、面神经麻痹、偏头痛、目痛多泪、眼睑跳动。

31. 球后

定位：眼平视，眼眶下缘外1/4与内3/4交界处取穴。

作用：用于治疗面部疾病。

32. 上关

定位：耳前，颧弓上缘，下关直上方凹陷处。

作用：用于治疗头痛、耳聋、耳鸣、牙齿痛。33. 耳和髎

定位：屏上切迹的前方凹陷处。

作用：用于治疗耳聋、耳鸣、牙齿痛、颈痛。

34. 上迎香

定位：翼软骨与鼻甲的交界处，近鼻唇沟上端处。

作用：用于治疗头痛、鼻塞、迎风流泪。

（四）按摩护理用具与产品

洗手液　　70%酒精　　洁面巾

棉片　　纸巾　　洗面盆

棉签　　卸妆液　　洗面奶　　爽肤水

去角质膏　　按摩膏　　面霜　　眼霜

二、工作流程

（一）工作标准（见表1-2-1）

表1-2-1　按摩护理工作标准

内容	标　　准
准备工作	工作区域干净整齐，工具齐全码放整齐，仪器设备安装正确，个人卫生仪表符合工作要求
操作步骤	能够独立对照操作标准，使用准确的技法，按照规范的操作步骤完成实际操作
操作时间	15分钟内完成任务
操作标准	按摩手法娴熟
	按摩力度适中
	按摩穴位准确
	在操作过程中适当与顾客沟通
	能够向顾客清楚地说出操作步骤
整理工作	工作区域干净整洁无死角，工具仪器消毒到位，收放整齐

（二）关键技能

1. 额部按摩手法

额部圈揉
双手四指由额中间向两边圈揉按摩额肌，舒展皱纹。

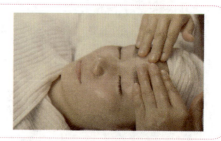

额部按压
双手合掌按压额部。

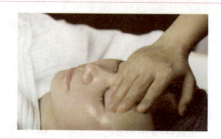

额部提抹
双手四指合为一线于额纹垂直方向提抹,由中间向左侧提抹再回到额中,慢慢拉抹至右侧再回到额中,可舒展皱纹。

2. 鼻部按摩手法

鼻部指压
双手中指压迎香穴、睛明穴,治疗鼻塞,调理肠胃,力度由轻到重。

鼻部夹搓
双手中指上下夹搓鼻根两侧,理气通神。

鼻部打圈
美容指在鼻翼处向外圈揉,帮助排泄油脂。

3. 唇部按摩手法

唇部打圈

拇指沿口周来回按摩,注意向上重向下轻。
可缓解唇部松弛,增强肌肉弹性。

唇部指压

中指点按压地仓穴、点按力度由轻到重。

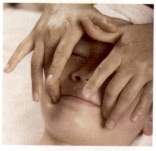

点按承浆穴。

用拇指点按口禾髎穴。

用中指点按人中穴。

提抹鼻唇沟
中指往上提抹鼻唇沟，减淡沟纹，恢复光泽。

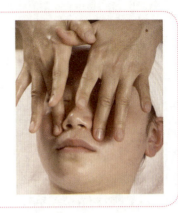

4. 下颌按摩手法

下颌轮指法
四指从食指开始在颌底有节奏地向斜上方提轮收紧提升肌肉。

下颌提揉
双手四指放于颌底，拇指交替提揉下颌部肌肉。

5. 面颊按摩手法

面部打圈
双手四指分行深入肌层螺旋向上按摩，强健肌肤。

面颊指压法
双手四指分行按压或分压巨髎穴、颧髎穴、上关穴、下关穴，深层刺激穴位，疏经活络。

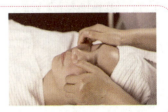

点按上关穴
深层刺激穴位,疏经活络。

点按下关穴
深层刺激穴位,疏经活络。

面颊轮指法
双手四指从食指开始在面颊上有节奏地向斜上方提轮,使肌肉结实。

面颊提抹法
双手食指、中指夹住面颊肌肉向上提抹,增强肌肉纤维弹性。

面颊捏按法
双手拇指和食指有节奏地快速提捏面部肌肉,增强皮肤弹性,利于皮脂排泄。

面颊振颤法
双手前臂迅速颤动,放置于双颊、下颌、前额,增强皮肤弹性,全面放松面部肌肉。

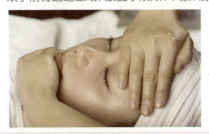 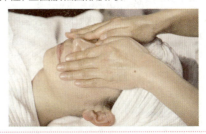

面颊按抚法1
双手四指从下颌开始向两边做有节奏的正面按抚,镇静放松面部肌肉、神经。

面颊按抚法2
双手中指由鼻部沿鼻唇沟斜向下到下颌,然后手掌沿脸外轮廓收提,有节奏地交叉进行按抚,收提外轮廓。

6. 颈(肩)部按摩手法

颈(肩)部按抚法1
双手手掌交替按抚,颈正前方轻柔,两侧稍用力,舒展颈部皱纹。

颈(肩)部按抚法2
一手将顾客头部置于侧位,单手大拇指向下按摩颈侧,缓解疲劳。

颈(肩)部按抚法3
双手虎口向下置于颈部两侧,用拇指及鱼际按摩。

7. 耳部按摩手法

耳部搓揉法

拇指和美容指指腹搓揉耳廓,有较强的保健作用。

耳部按压法

中指按压翳风(轻压)、听会、听宫、耳门等穴位。

耳部牵引法

用拇指和美容指向上提捏耳尖。

向下拽耳垂。

(三)操作流程

接待与咨询

了解顾客的皮肤类型及制定适宜的皮肤护理方案。

准备产品
按照按摩护理操作流程从左至右依次摆放产品为：70%酒精、卸妆产品、清洁产品、化妆水、去角质产品、按摩产品、润肤霜。

操作前准备工作
按操作规程依次完成铺床、清洁双手、包头、给双手消毒等操作前准备工作。

卸妆
使用蘸有卸妆液的棉片和棉签清洁面部彩妆。

洁面
使用洗面奶清洁面部皮肤。
注意：避免产品进入顾客眼睛里。

爽肤
使用蘸有保湿化妆水的棉片以面部按摩基本方向擦拭面部。

以点弹、轻拍的手法按摩。

观察皮肤状况
目测顾客皮肤毛孔粗细、有无瑕疵、有何异常反应。

蒸面
使用奥桑喷雾仪蒸面,时间为5分钟。

去角质
细心观察皮肤去角质后的状态及清洁度。

按摩
按照由下至上,从内向外,从中间向两边的按摩方向按摩。

基本保养（润肤）

涂爽肤水、面霜、眼霜，滋养保护皮肤。

三、学生实践

（一）布置任务

活动：面部按摩

在美容实训室，根据面部按摩的操作步骤和要求，两人一组轮换进行面部按摩操作练习。

练习前先考虑以下问题：

（1）根据顾客的皮肤类型应该选用的按摩产品是否合适？

（2）为顾客做面部按摩护理时的步骤及动作是否规范正确？

（3）面部按摩后顾客应该达到什么效果？

要求：每位同学在练习中一定要按照规范流程完成面部按摩护理操作。

（二）工作评价（见表1-2-2）

表1-2-2 按摩护理工作评价标准

评价内容	评价标准			评价等级
	A（优秀）	B（良好）	C（及格）	
准备工作	工作区域干净整齐，工具齐全，码放整齐，仪器设备安装正确，个人卫生仪表符合工作要求	工作区域干净整齐，工具齐全，码放比较整齐，仪器设备安装正确，个人卫生仪表符合工作要求	工作区域比较干净整齐，工具不齐全，码放不够整齐，仪器设备安装正确，个人卫生仪表符合工作要求	A B C
操作步骤	能够独立对照操作标准，使用准确的技法，按照规范的操作步骤完成实际操作	能够在同伴的协助下对照操作标准，使用比较准确的技法，按照比较规范的操作步骤完成实际操作	能够在老师的指导帮助下，对照操作标准，使用比较准确的技法，按照比较规范的操作步骤完成实际操作	A B C

续表

评价内容	评价标准			评价等级
	A(优秀)	B(良好)	C(及格)	
操作时间	15分钟内完成任务	15分钟内在同伴的协助下完成任务	15分钟内在老师帮助下完成任务	A B C
操作标准	按摩手法娴熟	按摩手法正确	按摩手法基本正确	A B C
	按摩力度适中	按摩力度适中	按摩力度适中	A B C
	按摩穴位准确	按摩穴位准确	按摩穴位基本准确	A B C
	在操作过程中适当与顾客沟通	在操作过程中能与顾客沟通	在操作过程中与顾客有简单沟通	A B C
	能够向顾客清楚地说出操作步骤	能够向顾客说出操作步骤	能够向顾客说出操作基本步骤	A B C
整理工作	工作区域干净整洁无死角,工具仪器消毒到位,收放整齐	工作区域干净整洁,工具仪器消毒到位,收放整齐	工作区域较凌乱,工具仪器消毒到位,收放不整齐	A B C
学生反思				

四、知识链接

(一)面部按摩的作用

(1)增加血液循环,促进新陈代谢,通过按摩可使废物和二氧化碳排出体外,使皮肤保持清洁。

(2)可刺激皮脂腺及汗腺的分泌,使毛孔张开,容易清除污垢、油脂及其他杂质,使皮肤更加清洁、健康。

(3)可加速皮脂的产生,有助于保持细胞水分的含量,使皮肤更加柔软、润滑,从而减缓皮肤的老化速度。

(4)可减少皮下组织的脂肪细胞的个体面积,使皮肤结实。

(5)使皮肤具有弹性,并使肌纤维更具韧性。

(6)有助于消耗纤维内的液体,因而能减少皮肤发生膨胀及下陷的情况。

(7)可使神经系统舒缓与休息,减轻疲劳。

(二)面部按摩的基本原则

按照肌肉纹理走向及神经的分布进行操作。

(1)按摩方向由下至上,否则会加重肌肉下垂,加速肌肤老化。

(2)按摩方向从内向外,从中间向两边。

(3)对于衰老性皮肤进行按摩时,要尽量将面部的皱纹展开,并推向面部两侧。

(4)按摩方向与肌肉走向一致,与皮肤皱纹方向垂直。

(5)按摩时尽量减少肌肤的位移。

(6)肌肤发生较大位移会使肌肤松弛,加速其衰老。使用足量的按摩膏是防止肌肤位移的有效方法之一。

(三)面部按摩的基本要求

(1)按摩动作要缓慢、轻柔、稳定而有节奏感或韵律感。

(2)按摩要连贯,避免中途停止,若必须停止时,双手要轻轻地离开面部。

(3)按摩手法及每一个动作的次数要根据皮肤状况和按摩时间而定。

(4)按摩力度要虚实结合,向下向外时要用虚力,向上向内时要用实力。

(5)按摩时要根据皮肤的不同状况和位置调节力度。

(6)按摩动作要先慢后快、先轻后重。

(7)按摩中点穴要准确,力度要循序渐进,但也不可过重,以达到通经活络、行气活血的作用。

(8)按摩时间一般为15~20分钟。

(9)按摩次数根据顾客皮肤状况等因素,每月2~3次,一般不超过4次。

(10)在按摩过程中应根据不同皮肤类型,选择适当的按摩产品,以减轻手与皮肤的摩擦。

(四)面部按摩的禁忌

(1)严重过敏的皮肤禁止按摩。

（2）毛细血管扩张或破裂的皮肤禁止按摩。

（3）有急性发炎的症状、皮肤表面有伤口的皮肤禁止按摩。

（4）患有传染病的皮肤禁止按摩。

（5）曾受过刺激的皮肤禁止按摩。

（6）患有严重呼吸系统疾病的顾客禁止按摩。

项目三　面膜护理

项目三　面膜护理

项目描述：

面膜护理是日常面部护理中的一个基本项目，是指将含有营养剂的面膜涂覆于面部皮肤上以清洁保养皮肤的护理方法。面膜护理具有改善皮肤功能、延缓皮肤衰老，纠正和改善问题性皮肤的功能。

工作目标：

①知道面膜的种类和成分。
②会根据皮肤类型选择面膜。
③掌握面膜护理的基本方法。
④能够按照正确的操作程序完成面膜护理操作。

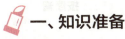一、知识准备

（一）面膜

面膜的主要成分是水溶性高分子化合物（如聚乙烯醇、羧甲基纤维等）、填充材料（如高岭土、硅藻土等）、溶剂（如水、甘油等）、营养物质（如维生素、水解蛋白或中草药等），具有保养皮肤、清洁皮肤、改善皮肤功能、延缓皮肤衰老、纠正和改善问题性皮肤的作用。

在面部护理过程中，面膜护理占有重要的位置。根据皮肤的不同类型，应使用不同成分、作用的面膜。

面膜的种类很多，主要有普通面膜和特殊面膜两种，特殊面膜包括冷、热式硬膜，蜜蜡面膜及各种软膜等。热式硬膜和蜜蜡面膜适合于干性皮肤，冷式硬膜适合于油性皮肤，软膜根据其成分的不同适用于各种类型皮肤。

（二）面膜护理用具与产品

二、工作流程

(一) 工作标准（见表 1-3-1）

表1-3-1　面膜护理工作标准

内　容	标　准
准备工作	工作区域干净整齐，工具齐全，码放整齐，仪器设备安装正确，个人卫生仪表符合工作要求
操作步骤	能够独立对照操作标准，使用准确的技法，按照规范的操作步骤完成实际操作
操作时间	20分钟内完成任务
操作标准	面膜护理步骤正确
	敷面膜手法娴熟
	面膜服帖
	在操作过程中适当与顾客沟通
	能够向顾客清楚地说出操作步骤
整理工作	工作区域干净整洁无死角，工具仪器消毒到位，收放整齐

(二) 关键技能

1. 敷普通面膜

准备面膜

使用刮板将适量面膜取出，放入小碗。

敷面膜

用消毒过的面膜刷从颈部开始涂抹，按照由下向上，由中央向两侧的方向刷抹于整个面部和颈部。注意涂抹时要厚薄适中，涂抹时要避开顾客的唇部、眼部。

等待

静置15~20分钟，使皮肤充分吸收面膜中的营养成分。

清洗面部

用洁面巾从颈部开始从下往上洗去面膜。

用蘸有爽肤水的棉片按照面部按摩基本方向擦拭皮肤。

2. 敷特殊面膜

调膜

将适量膜粉放在消毒后的容器里，倒入适量纯净水，操作时间为15~20秒。

用调匀迅速搅拌呈糊状。
注意：顺着一个方向，一直搅拌。

敷膜

敷面部： 眼睛处盖上棉片，用面膜刷或调匙将糊状软膜均匀涂于面部。

涂抹走向： 从中间向两边，从下往上。

涂抹时间： 1~2分钟。

注意： 在涂抹之前，用纸巾垫好顾客颈部，以免弄脏顾客衣服。用湿棉片盖住顾客的眼部，注意避开眼部、口唇和鼻孔部位，适当留白，呈均匀的圆弧状。

敷额部。

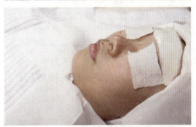

敷双颊：由鼻翼向太阳穴方向涂抹。

敷鼻部：纵向涂抹均匀。

敷下颌：涂抹均匀。

敷颈部：以垂直方向涂抹。

等待

静置15~20分钟,观察面膜是否凝固。

卸膜

从下颌、颈部的面膜边缘将膜掀起。

慢慢向上卷起。

轻轻撕下。

清洗面部

用蘸有清水的洁面巾彻底洗净面部。

项目三 面膜护理 53

（三）操作流程

接待与咨询
了解顾客的皮肤类型及制定适宜的皮肤护理方案。

准备产品
按照按摩护理操作流程从左至右依次摆放产品为：70％酒精、卸妆产品、清洁产品、化妆水、去角质产品、按摩产品、面膜产品、润肤霜。

操作前准备工作
按操作规程依次完成铺床、清洁双手、包头、给双手消毒等操作前准备工作。

卸妆
使用蘸有卸妆液的棉片和棉签清洁面部彩妆。

洁面
使用洗面奶清洁面部皮肤。
注意：避免产品进入顾客眼睛里。

爽肤
用蘸有保湿化妆水的棉片以面部按摩基本方向擦拭面部。
彻底清洁,平衡皮肤pH值。

以点弹、轻拍的手法按摩。
促进吸收,增加皮肤弹性。

观察皮肤状况
目测顾客皮肤毛孔粗细、有无瑕疵、有何异常反应。

蒸面
使用奥桑喷雾仪蒸面,时间为5分钟。

去角质
细心观察皮肤去角质后的状态及清洁度。

按摩

按照由下至上，从内向外，从中间向两边的按摩方向按摩。

敷面膜

根据护理需要选择适当面膜完成操作。

基本保养

滋养保护皮肤。

三、学生实践

（一）布置任务

活动：敷面膜护理

在美容实训室，根据面膜护理的操作步骤和要求，两人一组轮换进行敷面膜的操作练习。

你需要考虑以下问题：

（1）根据顾客的皮肤类型选用的面膜是否合适？

（2）为顾客做面膜护理时的步骤及动作是否规范正确？

（3）敷面膜后顾客应该达到什么效果？

要求：

每位同学在练习中一定要按照规范流程完成面膜护理操作。

（二）工作评价（见表1-3-2）

表1-3-2　面膜护理工作评价标准

评价内容	评价标准 A（优秀）	B（良好）	C（及格）	评价等级
准备工作	工作区域干净整齐，工具齐全，码放整齐，仪器设备安装正确，个人卫生仪表符合工作要求	工作区域干净整齐，工具齐全，码放比较整齐，仪器设备安装正确，个人卫生仪表符合工作要求	工作区域比较干净整齐，工具不齐全，码放不够整齐，仪器设备安装正确，个人卫生仪表符合工作要求	A B C
操作步骤	能够独立对照操作标准，使用准确的技法，按照规范的操作步骤完成实际操作	能够在同伴的协助下对照操作标准，使用比较准确的技法，按照比较规范的操作步骤完成实际操作	能够在老师的指导帮助下，对照操作标准，使用比较准确的技法，按照比较规范的操作步骤完成实际操作	A B C
操作时间	20分钟内完成任务	20分钟内在同伴的协助下完成任务	20分钟内在老师的帮助下完成任务	A B C
操作标准	面膜护理步骤正确	面膜护理步骤正确	面膜护理步骤基本正确	A B C
操作标准	敷面膜手法娴熟	敷面膜手法正确	敷面膜手法基本正确	A B C
操作标准	面膜服帖	面膜基本服帖	面膜不够服帖	A B C
操作标准	在操作过程中适当与顾客沟通	在操作过程中能与顾客沟通	在操作过程中与顾客有简单沟通	A B C
操作标准	能够向顾客清楚地说出操作步骤	能够向顾客说出操作步骤	能够向顾客说出操作基本步骤	A B C
整理工作	工作区域干净整洁无死角，工具仪器消毒到位，收放整齐	工作区域干净整洁，工具仪器消毒到位，收放整齐	工作区域较凌乱，工具仪器消毒到位，收放不整齐	A B C
学生反思				

四、知识链接

（一）美容院常用的消毒杀菌方法

1. 物理消毒杀菌法

是指用物理因素杀灭或清除病原微生物及其他有害微生物的方法。

（1）煮沸法：在100度的沸水中煮，用于对金属类器皿、玻璃器皿等用品的消毒。（5分钟可杀死一般细菌繁殖体，芽孢则需要1~2小时甚至更长时间才能死亡。）

（2）蒸汽法：利用蒸汽消毒柜进行消毒，用于相对湿度保持在80%~100%的毛巾、浴衣等棉织物的消毒，消毒时间为15~30分钟。

（3）烘干法：利用红外线高温型消毒柜消毒。用于耐高温的金属、陶瓷等材质用品的消毒。

（4）紫外线消毒法：利用紫外线消毒柜及紫外线灯。紫外线消毒柜消毒温度一般在60度以下，属于超低温消毒，适合大多数美容用品、用具的消毒，尤其适用于不耐热物品（海绵块、刷子、塑料挑棒、调勺等）的表面消毒。

紫外线灯主要用于室内空气的消毒，照射时间为30分钟以上。该紫外线对人体及眼睛有损害作用，照射时应特别注意加以防护。

2. 化学消毒杀菌法

是指通过使用化学制剂来杀灭微生物或抑制微生物发育繁殖的方法。

（1）酒精：质量分数70%，用于暗疮针、棉片、镊子、美容仪器与皮肤接触部位及美容师的双手的消毒杀菌。

（2）新洁尔灭：质量分数0.1%，用于挑棒、调勺等美容工具、用品的消毒。

（3）消毒灵：质量分数0.05%~0.1%，用于金属器械、棉织品、塑料、橡胶类物品，如海绵块、暗疮针的消毒。

（4）碘伏：质量分数0.5%~1%，用于皮肤的消毒杀菌，具有杀菌力强、毒性低、对皮肤黏膜无刺激的优点。

（5）清洁剂：如质量分数为10%~20%的漂白粉，用于清洁地板、洗脸台、马桶等。

专题实训

一、个案分析

顾客张小姐来到美容院做完皮肤护理之后非常不满意,原因是护理后脸上冒出来几个小痘痘。作为美容师的你将怎样处理这个问题?

请将你所做的全部记录下来,列出你该询问的问题以及询问的顺序,保留所记录的内容。

1. 请你找出面部护理后出现痘痘的原因。
2. 请你将可能造成此类问题的原因记录下来。
3. 将你认为可能的成功的解决方案记录下来。
4. 将你与顾客讨论的结果和达成的共识记录下来。

二、专题活动

在做本专题前,你要收集以下信息:

1. 在实习中,观察店里美容师的工作过程。
2. 在实习中,观察美容师的操作手法。
3. 了解美容院所使用的产品,并了解其成分及作用。

记录以下几点:

1. 观察一位顾客面部护理前后的效果并分析原因,记录下来。
2. 列出为顾客做皮肤护理前应了解的问题。
3. 总结针对不同类型做皮肤护理应选择的美容产品。
4. 描述一个美容护理操作流程。

三、课外实训记录表

请将你在本单元学习期间参加的各项专业实践活动情况记录在下面表格中。

服务对象	时间	工作场所	工作内容	服务对象反馈

单元二　损美性皮肤护理

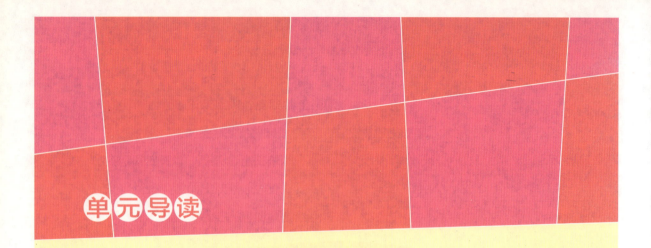

内容介绍

生活美容中所涉及的损美性皮肤主要有:痤疮皮肤、敏感皮肤、晒伤皮肤和色斑皮肤等。处理这些皮肤问题必须遵循医学临床"诊断为先"的原则,先做出正确诊断,再"对症下药"制定出护理方案,然后才是美容操作的实施。

单元目标

①能正确鉴别顾客的皮肤类型。
②能准确制定皮肤护理方案。
③能够运用专业护理手法。
④能按照流程完成面部皮肤护理的操作。
⑤树立以人为本、顾客至上的服务意识。
⑥培养敬业、精益、专注、创新的工匠精神。

项目一 痤疮皮肤护理

项目描述：

痤疮是青春期常见的一种毛囊皮脂腺的慢性炎症疾病，主要以粉刺、丘疹、脓包、结节、囊肿及瘢痕多种皮损为特征。痤疮皮肤护理是通过使用具有杀菌、消炎、抑制皮脂分泌作用的产品，结合专业的护理方法，达到减轻症状、舒缓肌肤的作用。

工作目标：

①能够掌握痤疮皮肤的成因。
②能够掌握痤疮的分类与特征。
③能够掌握痤疮皮肤的护理手法。
④能够掌握痤疮皮肤专业护理操作流程。

一、知识准备

（一）导致痤疮发生的原因

1. 直接原因

（1）痤疮与遗传因素有关，据研究表明，73%的痤疮患者与遗传有关。有的家族好几代人患有痤疮。遗传是决定皮脂腺大小及其活跃程度的一个重要因素。

（2）受雄性激素分泌过盛的影响。雄性激素能刺激皮脂腺，引起皮脂增多；同时雄性激素可诱发皮脂毛囊导管过度角化，从而导致其堵塞，大量皮脂不能及时排出，就成为微生物（主要是痤疮杆菌和葡萄球杆菌）生长繁殖的最好场所，因而导致毛囊口发生炎症。

(3) 内分泌紊乱，雌性激素能量下降。尤以月经前后痤疮复发或加重最为常见，约有三分之一的女性为此而苦恼。

(4) 胃肠功能不良，身体内缺乏维生素A、维生素B2、维生素B6等。

2. 间接原因

(1) 喜欢吃食高脂、高糖、辛辣、煎炸、海鲜等刺激性的食物，可导致消化功能紊乱、便秘并改变表面脂质成分、增加皮脂生成。

(2) 与精神因素有关，精神紧张、焦虑、压力过重、劳累、经常熬夜、烦躁、长期睡眠不足等，会影响神经系统，导致肾上腺皮质激素释放增加，也可使皮脂分泌增加，形成痤疮。

(3) 药物使用不当，可使痤疮恶化，特别是滥用激素类药物。

(4) 化妆品使用不当，清洁皮肤不彻底，使汗液、皮脂、尘埃等阻塞毛孔。

(二) 轻度痤疮的特征

轻度痤疮，也叫粉刺。由于毛囊口角化过度或皮脂腺分泌过剩、排泄不良，老化角质细胞堆积过厚，导致毛囊堵塞而局部隆起，粉刺周围由于炎症反应及微生物或毛囊虫的作用，可演变为丘疹、脓包、囊肿及瘢痕。粉刺包括黑头粉刺和白头粉刺两种，其周围没有其他皮疹或病症出现。

(1) 黑头粉刺（又称开张性粉刺），其顶部呈黑色或褐色的粒体，挤压时有带黑头的黄白色脂栓排出。其原因是皮脂过多，不能及时排出，积存于毛囊内，毛囊口处与灰尘、角化死细胞混合，凝成小脂栓所致。

(2) 白头粉刺（又称闭合性粉刺），毛囊皮脂腺口被角质细胞堵塞，角化物和皮脂充塞其中，与外界不相通，形成闭合性粉刺，看起来为稍稍突起的白头。似一粒米的白色小皮疹，质硬，看不到开口，清除时较困难。若不及时清除，则可演变成炎性丘疹、脓疱。

(三) 中度痤疮的特征

中度痤疮，也叫脓疱型痤疮，约10%的痤疮皮肤属此类。中度痤疮以红色丘疹为主，丘疹中央可见白色或淡黄色脓包，破溃后可流出黏稠的脓液，常为继发感染所致。稍有红肿，有轻微触痛感，若无适当护理，炎症会加剧，治愈后一般不会留下疤痕。

(四) 重度痤疮特征

重度痤疮，也叫红疹型痤疮。在中度痤疮的基础上，如果炎症继续扩大或深入，可形成大小不等的淡红或暗红色结节、脓肿、囊肿等，破溃后可形成窦道（俗称"凹洞"）或瘢痕，使皮肤表面凹凸不平，严重影响美容。此类痤疮须经医生处理。

（五）痤疮皮肤的护理重点

（1）正确地清洁皮肤，保持毛孔的畅通，避免油脂、灰尘阻塞而诱发或加重痤疮。

（2）彻底清除积存在表皮层的黑头粉刺，对于脓疱型痤疮要小心处理，千万不要触及真皮层，以免使皮肤留下凹洞和瘢痕。

（3）降低皮脂腺分泌，加强收缩毛孔。

（4）清洁皮肤的次数不可过于频繁。过度的清洁和使用碱性强的清洁品（如肥皂等）以去除过多的油脂，不但会使皮肤表面出现脱水现象，而且会摧毁皮肤用来抵抗细菌的酸性保护膜（即皮脂膜），使皮肤易受细菌侵袭。因此，正确地选用适合肤质的保养品也是护理痤疮皮肤的关键。

（六）痤疮皮肤护理主要产品介绍

1. 泡沫型洗面奶

泡沫型洗面奶的主要成分是表面活性剂、高级脂肪酸、羊毛脂、甘油、丙二醇等。泡沫对皮肤起到更好的保护作用。

2. 收缩水

收缩水的主要成分是薄荷、金银花等，可补充皮肤水分，收缩毛孔，并可有效抑制皮脂和汗液的分泌。可分为一般性收缩水和强力收缩水。一般性收缩水适用于各种皮肤，也可在上妆前使用，可使妆面持久。强力收缩水有一定的消炎、杀菌、抑制皮脂的作用，适用于油性皮肤及痤疮皮肤。

3. 磨砂膏

磨砂膏是一种在清洁用品的基础上添加了某些极微细的砂质颗粒，可用以摩擦洁面，并除去皮肤表面角质层老化或死亡细胞。它的主要成分有：高级脂肪酸、羊毛脂、蜂蜡、摩擦剂。

磨砂膏利用了摩擦剂温和的摩擦作用达到洗净效果，并可利用其机械刺激作用增强皮肤毛细血管的微循环，促进皮肤的新陈代谢，使皮肤呈现良好的透明感，使肤质细致柔软。

4. 啫喱按摩膏

啫喱按摩膏的主要成分：高分子胶体、水、保湿剂、防腐剂等。它是无油配方，不造成毛孔阻塞。啫哩按摩膏能润滑皮肤、为皮肤补充水分。适用于油性皮肤、轻度粉刺、暗疮皮肤。

5. 面膜

痤疮皮肤可选用芦荟啫哩面膜，因为芦荟面膜具有消炎解毒、杀菌、保湿润肤的作用。

洗手液　　70%酒精　　洁面巾

棉片　　卸妆液　　泡沫型洗面奶

收缩水　　磨砂膏　　啫哩按摩膏

眼霜　　啫喱面膜　　面霜

5. 高频电疗仪

高频电疗仪主要由高频振荡电路板和少量的电容电阻及半导体器件构成。配件有可插入玻璃电极的绝缘电极棒及玻璃电极，电极内置有升压变压器。启动电源，使绝缘把手的软线与仪器接通,产生断续的高压高频电流,这种高频电流可使玻璃电极产生放电现象,玻璃电极内充有氦气或氖气,发出蓝色或粉色的光线,发出"吱吱"的声音,使人体局部的末梢血管交替出现收缩与扩张,使空气中的氧气电离产生臭氧,从而起到改善血液循环和杀菌消炎的作用。

高频电疗仪的功能:

(1)促进血液循环,增强淋巴腺的活动,供给表皮营养,排除有害物质。

(2)增强细胞新陈代谢,帮助皮肤呼吸和排泄。

(3)在纤维组织上产生热效应,增强细胞通透性,帮助溶剂渗透皮肤。

(4)消炎杀菌,加快伤口愈合,增强皮肤的免疫功能。

二、工作过程

(一)工作标准(见表2-1-1)

表2-1-1 痤疮皮肤护理工作标准

内 容	标 准
准备工作	工作区域干净整齐,工具齐全码放整齐,仪器设备安装正确,个人卫生仪表符合工作要求
操作步骤	能够独立对照操作标准,使用准确的技法,按照规范的操作步骤完成实际操作
操作时间	规定时间内完成任务
操作标准	包头规范,整齐无碎发
	清洁很干净,无残留
	按摩动作规范,流畅,与皮肤45°贴合
	仪器操作使用正确
	涂抹面膜均匀完整
整理工作	工作区域干净整洁无死角,工具仪器消毒到位,收放整齐

（二）关键技能

1. 针清

消毒

用酒精给暗疮针的小圆环部和针尖部消毒，然后用酒精棉擦拭痤疮部位皮肤。

刺破痤疮

用暗疮针刺破痤疮。

挤压痤疮

将暗疮针衔有小圆环的一端对准痤疮刺破口，沿刺破口周边部位向中心处用力下压，将暗疮内的包含物彻底挤压排出。

为伤口及周围皮肤消毒

痤疮内含物挤出后，应立即用干棉片擦拭，并进行杀菌处理，对伤口周围的皮肤也要擦拭消毒，以免伤口感染。

注意：操作后应及时将暗疮针彻底清洗、消毒。

2. 痤疮封口

插入电极

先给电极消毒，根据护理面积部位不同，确定好电极棒形状，将消毒后的玻璃电极插在黑色电极棒上。

注意：蘑菇形玻璃电极用于大面积，如面颊、前额、颈部，勺形玻璃电极用于中面积，如下颌。棒形玻璃电极用于小面积，如鼻窝。

开启高频电疗仪

接通电源，打开开关，绿指示灯亮起。

调节频率

调节振动频率钮，使电流由弱渐渐增强，控制在顾客可以承受的范围内。

可先在自己的手背上试电流的强度。

滑动治疗

将玻璃电极紧贴皮肤,自下而上有顺序地轻推、滑动,一般2~6分钟。

注意:干性皮肤使用时间短,电流强度要低;油性或痤疮皮肤使用时间略长,电流强度要大;滑动时避开眼部;操作时,要请顾客摘掉身上的金属饰品。

点状治疗

进行点状接触,点击炎症部位,一个部位一次性最长操作10秒钟。

注意:将玻璃电极与皮肤接触时,电极与皮肤间会产生一连串火花,具有杀菌和促进伤口愈合的效果。顾客略有针刺感属于正常现象。

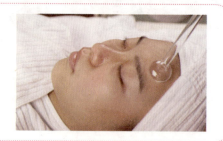

关闭高频电疗仪

将电流振动频率调为零,关闭电源开关,取下玻璃电极,并进行消毒,避免交叉感染。

(三)操作流程

接待与咨询

了解顾客的皮肤类型及制定适宜的皮肤护理方案。

准备产品

按照痤疮皮肤护理操作流程从左至右依次摆放产品为：70%酒精、卸妆产品、清洁产品、化妆水、去角质产品、按摩产品、面膜产品、润肤霜。

操作前准备工作

按操作规程依次完成铺床、清洁双手、包头、给双手消毒等操作前准备工作。

卸妆

使用蘸有卸妆液的棉片和棉签清洁面部彩妆，卸妆要彻底。

请顾客闭上眼睛，将蘸有卸妆液的棉片对折后横放在下眼睑的睫毛根处。

左手拇指和食指同时按住棉片，右手持蘸有卸妆液的棉棒，从睫毛根部向睫毛尖方向进行滚动式清洗。

更换新的蘸有卸妆液的棉棒，由内眼角至外眼角进行拉抹。

让顾客睁开眼睛，左手的拇指向下轻按，右手用棉棒由内眼角到外眼角滚式擦抹。

将蘸有卸妆液的棉片对折成双层,分别盖住眼部和眉部,并同时向两侧拉抹。将棉片反折,重复使用。
小提示:清洁眼部妆面时,动作应尽量轻柔,避免弄伤顾客的眼睛。

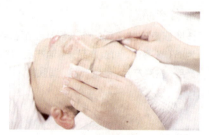

将蘸有卸妆液的棉片对折成双层,左手手指压住一边嘴角,右手用棉片从一侧向另一侧拉抹,然后将棉片打开反折,重复使用,清洗唇部。

洁面

使用泡沫型洗面奶清洁面部皮肤。
注意:对发炎部位动作应轻柔,不能过多摩擦,避免产品进入顾客眼睛里。

用洁面巾擦拭干净。

爽肤

用蘸有收缩水的棉片以面部按摩基本方向擦拭面部,彻底清洁,平衡皮肤pH值。

蒸面

首先用湿棉片盖住顾客的眼睛。

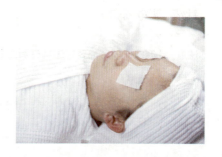

然后打开机器总电源,再打开奥桑喷雾仪电源,调整时间,调整雾量,时间5~8分钟。痤疮皮肤打开臭氧1~3分钟。

距离保持25厘米,皮肤有严重问题者不能蒸面,喷口不要直接喷向顾客鼻部,以免引起顾客呼吸不畅。

去角质

注意:痤疮部位不做,皮肤问题严重者不做。

针清、痤疮封口

注意：针清操作前后都要用酒精棉消毒痤疮针，避免感染。

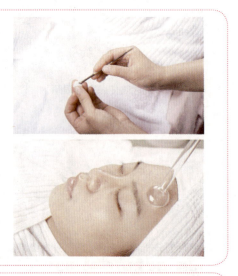

用火花式高频电疗仪对创面进行消炎杀菌，以防感染，每个创面点击10秒。

按摩

时间为5~10分钟。
将啫喱按摩膏均匀涂抹在面部，按照由下至上、从中央到两边的顺序按摩。
注意：避免在痤疮创面上按摩，痤疮严重者不做按摩。

按摩颈部及下颌

按摩面颊

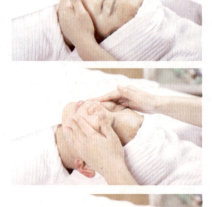

按摩鼻部

按摩眼部：环状向外打圈按摩眼周。

中指由外眼角向内眼角做打圈式按摩

点按睛明穴

点按攒竹穴

点按鱼腰穴

点按丝竹空穴

点按太阳穴

按摩眼部：双手食指与中指交替拉抹上下眼睑部位。

按摩额部：做交替式提抹动作。

按抚：双手在下颌，同时向上提拉，对面颊做大面积按抚。

用洁面巾将按摩膏擦掉。

爽肤
用蘸有收缩水的棉片以面部按摩基本方向擦拭皮肤。

敷面膜

痤疮部位可用甲硝唑涂敷打底后涂面膜。可选用有消炎、抑脂等作用的啫喱面膜及有消炎、抑菌、镇静作用的矿物泥、海藻、芦荟等面膜。

基本保养

涂收缩水。

痤疮部位涂痤疮膏,面部其他部位涂抹清爽型面霜或乳液。

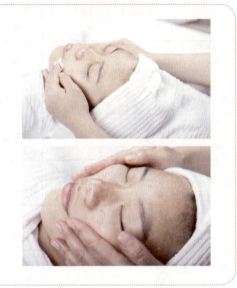

三、学生实践

(一) 布置任务

活动:痤疮护理

在美容实训室,根据痤疮护理的要求,两人一组轮换进行痤疮护理的操作练习。

练习前先考虑以下问题:

(1) 奥桑喷雾仪和高频电疗仪是否消毒?是否接通电源?

(2) 是否了解顾客的皮肤状况?

(3) 护理时动作是否规范?

（二）工作评价（见表2-1-2）

表2-1-2　痤疮皮肤护理工作评价标准

评价内容	评价标准			评价等级
	A（优秀）	B（良好）	C（及格）	
准备工作	工作区域干净整齐，工具齐全，码放整齐，仪器设备安装正确，个人卫生仪表符合工作要求	工作区域干净整齐，工具齐全，码放比较整齐，仪器设备安装正确，个人卫生仪表符合工作要求	工作区域比较干净整齐，工具不齐全，码放不够整齐，仪器设备安装正确，个人卫生仪表符合工作要求	A B C
操作步骤	能够独立对照操作标准，使用准确的技法，按照规范的操作步骤完成实际操作	能够在同伴的协助下对照操作标准，使用比较准确的技法，按照比较规范的操作步骤完成实际操作	能够在老师的指导帮助下，对照操作标准，使用比较准确的技法，按照比较规范的操作步骤完成实际操作	A B C
操作时间	规定时间内完成任务	规定时间内在同伴的协助下完成任务	规定时间内在老师的帮助下完成任务	A B C
操作标准	包头规范，整齐无碎发	包头规范，稍有些碎发	包头不规范，忘记脖子上的颈巾	A B C
	清洁很干净，无残留	清洁较干净，边缘有残留	清洁不干净，有残留	A B C
操作标准	按摩动作规范，流畅	按摩动作规范，不太流畅	按摩动作基本规范	A B C
	仪器操作使用正确	仪器操作基本正确	仪器操作不正确	A B C
	涂抹面膜均匀完整	涂抹面膜均匀不完整	涂抹面膜不均匀完整	A B C
整理工作	工作区域干净整洁无死角，工具仪器消毒到位，收放整齐	工作区域干净整洁，工具仪器消毒到位，收放整齐	工作区域较凌乱，工具仪器消毒到位，收放不整齐	A B C
学生反思				

四、知识链接

(一)痤疮皮肤者在生活中的注意事项

(1)少食高热量、高糖、高脂肪及辛辣刺激性食品,如花生、巧克力、油炸食品等。

(2)注意饮食,如少吃生葱、大蒜、辣椒等,多食用粗纤维食物、蔬菜水果,多饮水,可口服维生素A、维生素B_2、维生素B_6等来调节机体组织。

(3)维持肠胃系统的正常功能,以免消化系统失调引起便秘而诱发痤疮。

(4)充分睡眠,每日至少保证8小时睡眠,避免熬夜。

(5)保持愉快开朗的心情,避免情绪激动或心理压力。

(6)选择适合肤质的护肤品、化妆品。化妆者每晚必须彻底卸妆,做好清洁工作。

(7)千万不可用手挤压或触摸痤疮,以免再度感染。

(8)皮肤有炎症时最好不用或少用彩妆品,特别是油性及粉状化妆品,以免毛孔进一步堵塞,加重皮肤的炎症反应。

(二)表层清洁和深层清洁的区别

表层清洁:是常规清洁方法,用洗面奶配合清洁手法每天清除附着于皮肤表面的灰尘、皮肤分泌物及毛孔浅层的污垢。表层清洁不能完全清除毛孔中多余的皮脂、污垢及角质层死亡细胞。

深层清洁:通过使用去角质产品、配合喷雾机、暗疮针等仪器工具彻底清除面部皮肤的污垢、多余的皮脂、老化死亡的细胞、脂肪粒、粉刺等,使皮肤保持洁净、毛孔通畅,有利于皮肤对营养物质的吸收和废物的排泄,发挥皮肤的正常生理功能。

深层清洁不可频繁,容易使角质层变薄,皮肤抵抗力降低,使皮肤变得敏感。深层清洁使用的频率要根据皮肤的需要而定,一般来说中性皮肤每月一次,油性皮肤每月1~2次。干性及问题性皮肤要视皮肤需求而定,不需要就暂时不做。皮肤有发炎、外伤、严重痤疮、敏感等问题时不可进行去角质护理。

单元二　损美性皮肤护理

 敏感性皮肤护理

项目描述：

敏感性皮肤的角质层比较薄，有毛细血管外露、红血丝扩张等现象，皮肤的免疫力低，抵抗力弱，受到外界风吹、日晒等不良性刺激很容易产生反应，出现皮炎现象。敏感性皮肤护理是通过使用具有防敏类的护肤品，结合专业的护理方法，起到减轻症状、防敏、镇静、收缩血管的作用。

工作目标：

①掌握敏感性皮肤的特征及成因。
②能够为顾客制定合理的护理方案。
③掌握敏感性皮肤的护理手法。
④能够按照正确的护理程序完成敏感性皮肤护理操作。

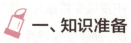 **一、知识准备**

（一）敏感性皮肤的特征

敏感性皮肤在不出现敏感反应时会呈现中性皮肤、干性皮肤、油性皮肤或混合性皮肤中的一种类型特征。敏感现象最常发生在干性、缺水的皮肤上，而油性皮肤亦有可能因不当或过度的清洁以及用力的挤压而造成脆弱、敏感的状况。

敏感性皮肤具有以下特征：

（1）皮肤薄而细嫩，在面颊靠近鼻梁部位毛细血管比较显露；但也有特殊的敏感皮肤呈粗糙状，有时可见到红斑、脱屑、红肿等现象。

（1）抵抗力弱，经不起搓碰或刺激，如日晒、季节、气候的变化和寒风的刺激等，容易引起瘙痒或红肿。

（2）容易对化妆品、药物、食物、空气中的花粉、金属、纤维及染料等产生过敏反应，出现红斑、丘疹、瘙痒等症状，严重者出现水肿、水疱，甚至糜烂，造成皮肤过敏的这些物质被称为过敏源。当敏感性皮肤接触过敏源时，即可发生过敏反应。

（二）敏感性皮肤的成因

1. 内因

（1）遗传因素。

（2）天生特异体质，如气喘、花粉热以及内因性湿疹等因素导致敏感性肌肤的形成。

2. 外因

（1）皮脂膜遭到破坏，使皮肤对外来刺激失去了防御能力，极易引起发痒、脱皮、红肿、局部泛红等现象。皮脂膜遭受破坏的主要因素有：

过度刺激皮肤：如过度地去除角质、洗脸时用力地摩擦皮肤、使用含碱高的洗面奶或香皂洁面、洗脸水过热、经常风吹日晒以及使用劣质化妆品的刺激等。例如：长期暴露在阳光或空气污染的环境中，烟雾、灰屑、紫外光UVA和UVB，以及红外线，均会损害皮肤，因为它们产生的游离子能破坏皮肤的脂质保护层。

皮肤保养不及时：如炎夏或寒冬时，皮肤缺乏适当、及时的保护，使皮脂膜受损，导致皮肤逐渐敏感。面对天气的转变，肌肤亦需要额外的适应，例如在寒冷天气中，如果皮肤没有充分滋润的话，便很容易受到伤害。

（2）生活不规律造成皮肤敏感或敏感现象加重，如经常熬夜、烟酒过量、饮水不足等。

（三）敏感性皮肤护理的目的

（1）总体原则是避免刺激，按抚、镇定肌肤。

（2）控制皮肤的过敏症状，修复受损皮肤。

（3）消除肌肤敏感状态，对容易过敏的敏感皮肤通过护理增强皮肤抵抗力。

(四)敏感性皮肤的护理重点

对于特别脆弱的敏感肌肤,必须格外小心,因为再度的刺激容易造成皮肤的恶化。

(1)选择使用性质温和的护肤品,避免使用含酒精、色素、香料的保养品。

(2)使用含有甘菊抗敏感成分的物质,以及使用含有保湿成分的物质(尿囊素、天然保湿因子、芦荟等)来维持肌肤所需要水分营养,并减缓紧绷感,以达到按抚、镇定、缓和敏感现象及增加皮肤抵抗力的目的。

(3)提供适当的油脂量,协助天然保护膜(皮脂膜)的修复。

(五)敏感皮肤护理主要产品介绍

1. 防敏洗面奶

敏感皮肤自身的油脂分泌较少,因此不能选用泡沫丰富细腻、清洁力过强的产品,而应该选择低泡或无泡的防敏洗面奶。此类产品不含酒精、香料、色素,性质温和,有消毒、杀菌的作用,具有稳定性高、可强化微血管壁的特点。

2. 防敏爽肤水

防敏的爽肤水主要由氢氧化钾组成,能溶解多余的角质,为皮肤补充水分,使皮肤柔软、湿润,恢复和增强皮肤的活力。

3. 防敏面膜

含有洋甘菊、芦荟等成分的防敏面膜,可安静舒缓、抗敏镇静皮肤,并可加强细胞抵御外界刺激的能力,补水保湿,帮助皮肤恢复原润泽。

(七)敏感皮肤护理的用具与产品

洗手液

70%酒精

洁面巾

棉片

纸巾

洗面盆

项目二 敏感性皮肤护理 83

棉签　　　　　卸妆液　　　　　防敏洗面奶

眼霜　　　防敏爽肤水　　　防敏面膜　　　滋润修复霜

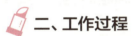

二、工作过程

(一) 工作标准（见表2-2-1）

表2-2-1 敏感性皮肤护理工作标准

内　容	标　准
准备工作	工作区域干净整齐，工具齐全，码放整齐，仪器设备安装正确，个人卫生仪表符合工作要求
操作步骤	能够独立对照操作标准，使用准确的技法，按照规范的操作步骤完成实际操作
操作时间	规定时间内完成任务
操作标准	包头规范，整齐无碎发
	清洁很干净，无残留
	按摩动作规范，流畅
	仪器操作使用正确
	涂抹面膜均匀完整
整理工作	工作区域干净整洁无死角，工具仪器消毒到位，收放整齐

(二)关键技能

1. 淋巴引流手法

涂啫喱按摩膏
将啫喱按摩膏涂于整个面部。

按摩
用按抚法按摩。
注意力度轻柔,缓慢。

按压穴位

双手中指依次点按下列穴位:
睛明穴

攒竹穴

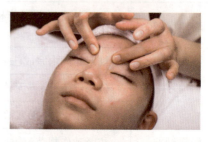

鱼腰穴

丝竹空穴

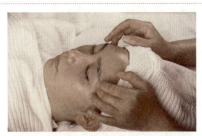

太阳穴

换拇指点按球后穴

承泣穴

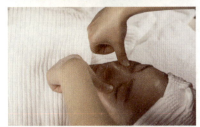

四白穴

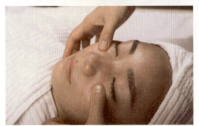

中指点按迎香穴

四指点按巨髎穴、颧髎穴、颊车穴

双手中指点按承浆穴

双手中指点按口禾髎穴

双手中指点按地仓穴

点按人中穴

双手中指点按听宫穴

排毒

双手四指分别从额中发际线沿发际边缘向下滑至耳中，绕道耳后，沿双侧颈部淋巴腺推至锁骨滑出，此步骤重复3遍。

2. 敏感皮肤护理操作流程

接待与咨询
了解顾客的皮肤类型及制定适宜的皮肤护理方案。

准备产品
按照敏感皮肤护理操作流程从左至右依次摆放产品为：70%酒精、卸妆产品、清洁产品、化妆水、去角质产品、按摩产品、面膜产品、润肤霜。

操作前准备工作
按操作规程依次完成铺床、清洁双手、包头、给双手消毒等操作前准备工作。

卸妆

使用蘸有卸妆液的棉片和棉签清洁面部彩妆。

洁面

使用防敏洗面奶清洁面部皮肤。
注意：避免产品进入顾客眼睛里。动作应轻柔，不能过多摩擦。

用纸巾先沾除一下洗面奶再进行擦拭。

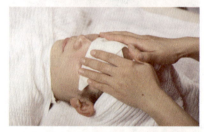

用洁面巾擦拭面部。

爽肤

使用蘸有防敏爽肤水的棉片以面部按摩基本方向擦拭面部。
彻底清洁，平衡皮肤pH值。

以点弹、轻拍的手法按摩。
促进吸收,增加皮肤弹性。

皮肤分析

操作之前,先对皮肤分析仪进行消毒。
打开机器的总电源,用湿的棉片盖住顾客眼睛后打开放大镜灯。

用肉眼或皮肤检测仪观察皮肤存在的问题。

蒸面

使用奥桑喷雾仪的冷喷雾镇静皮肤。
注意:过敏的皮肤禁用热喷雾。

按摩

按照规范操作,进行淋巴引流。

用洁面巾擦掉面部的按摩膏。

爽肤
用蘸有化妆水的棉片擦拭皮肤。

敷面膜
涂抹防敏面膜,从下至上均匀涂抹,20分钟取下,此面膜起到防敏、镇静、收缩血管的作用。

注意:敷面膜时避开眼部、唇部,并且薄厚适中。

卸面膜
用纸巾先擦掉面部的面膜。

将面膜清洗干净。

基本保养
用防敏型润肤水和防敏型滋润乳霜。没有过敏症状时也可用保湿霜和防晒霜。

三、学生实践

(一)布置任务

活动:敏感皮肤护理

在美容实训室,根据敏感皮肤护理要求,两人一组轮换进行敏感皮肤护理操作练习。

练习前先考虑以下问题：

（1）床是否铺好？

（2）肩巾是否围好？

（3）敏感皮肤护理动作是否规范？

（二）工作评价（见表2-2-2）

表2-2-2 敏感性皮肤护理工作评价标准

评价内容	评价标准			评价等级
	A（优秀）	B（良好）	C（及格）	
准备工作	工作区域干净整齐，工具齐全，码放整齐，仪器设备安装正确，个人卫生仪表适合符合工作要求	工作区域干净整齐，工具齐全，码放比较整齐，仪器设备安装正确，个人卫生仪表符合工作要求	工作区域比较干净整齐，工具不齐全，码放不够整齐，仪器设备安装正确，个人卫生仪表符合工作要求	A B C
操作步骤	能够独立对照操作标准，使用准确的技法，按照规范的操作步骤完成实际操作	能够在同伴的协助下对照操作标准，使用比较准确的技法，按照比较规范的操作步骤完成实际操作	能够在老师的指导帮助下，对照操作标准，使用比较准确的技法，按照比较规范的操作步骤完成实际操作	A B C
操作时间	规定时间内完成任务	规定时间内在同伴的协助下完成任务	规定时间内在老师的帮助下完成任务	A B C
操作标准	包头规范，整齐无碎发	包头规范，稍有些碎发	包头不规范，忘记脖子上的颈巾	A B C
	清洁很干净，无残留	清洁较干净，边缘有残留	清洁不干净，有残留	A B C
	仪器操作使用正确	仪器操作基本正确	仪器操作不正确	A B C
	涂抹面膜均匀完整	涂抹面膜均匀不完整	涂抹面膜不均匀完整	A B C
整理工作	工作区域干净整洁无死角，工具仪器消毒到位，收放整齐	工作区域干净整洁，工具仪器消毒到位，收放整齐	工作区域较凌乱，工具仪器消毒到位，收放不整齐	A B C
学生反思				

四、知识链接

(一)皮肤敏感者在生活中的注意事项

(1)严格注意防晒,切忌带妆在阳光下出现。

(2)日常生活中少化妆或不化妆。

(3)使用已习惯的护肤品,避免频繁地更换品牌。若调换,需先做局部皮肤试验。

(4)注意均衡的营养,避免吃刺激性、易过敏的食物。

(5)保证规律的日常作息,睡眠要充足。

(6)注意随时保护自己的皮肤,避免使用过热或过冷的水洗脸。

(7)避免接触可能引起过敏的物质。

(二)生活中容易引起皮肤过敏的物质

容易引起皮肤过敏的物质包括防晒霜、精油、水杨酸酯、果酸、酒精、黏土面膜、花粉、硫磺、宠物毛发、尘埃、棉絮、螨虫、水果、鸡蛋、海鲜、蔬菜、香水及染(烫)发剂里面的苯二胺等。

晒伤皮肤护理

项目描述：

现在由于环境污染，地球上空的臭氧层遭到破坏，使地球表面的紫外线强度日益增加，皮肤受到很大的侵害，紫外线对人们的皮肤损伤也在日益加剧。皮肤晒伤又称日光性皮炎，是由于皮肤受到强烈日光照射后产生的一种急性皮炎。晒伤性皮肤护理是通过使用晒后修复产品并结合专业的护理方法，达到减轻皮炎症状，舒缓肌肤的作用。

工作目标：

①掌握晒伤性皮肤的成因。
②掌握晒伤性的分类与特征。
③掌握晒伤性皮肤的护理手法。
④掌握晒伤性皮肤专业护理过程。

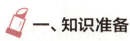 **一、知识准备**

(一) 紫外线的作用

日光是一种连续的电磁辐射波，波长以纳米（nm）为单位。波长越短，能量越大，波长越长，穿透力越强。紫外线波长为200~400nm，在太阳的辐射量中，紫外线约占6%，是光线波长中最短的一种。紫外线能将皮肤中的脱氧胆甾醇转变为维生素D，并能促进全身的新陈代谢，还具有杀菌、消毒的作用。

（二）紫外线对皮肤的伤害

（1）紫外线能激活潜在的病毒，暂时降低机体的抗体力。

（2）长期在强烈的阳光下暴晒，可使皮肤的胶原纤维链断裂，降低皮肤的弹性，从而使皮肤出现早衰。

（3）紫外线可刺激表皮基底层的黑色素细胞加速黑色素分泌，使原有的色素斑加重或出现晒斑等新的色素斑。

（4）紫外线导致光感性皮肤病的发生和诱发结缔组织病变，使皮肤癌的发病率增高。

（5）紫外线能改变单个细胞组分的结构或功能。紫外线会使细胞丧失与周围细胞的沟通能力。

（三）皮肤晒伤后的症状

皮肤具有反射、散射和吸收紫外线的能力，但如果长时间在阳光下受到UVB（中波紫外线）的过度照射，局部皮肤就会发生急性炎症性反应，其特征是在曝晒的皮肤上发生红斑、水肿，重者有水疱形成，继之以色素沉着和脱屑。

红斑反应比较迅速，一般在阳光下直接照射2~3个小时开始发生，在12小时内达到高峰，以后逐渐减退，4~7天消失，随后皮肤开始变黑。

（四）防晒的方法

（1）要在出门前20分钟，仔细地为肌肤擦上防晒霜，因为防晒霜涂抹后需要经过一些时间，才会被皮肤吸收和发挥作用，要每隔3~5小时涂一次防晒霜。出汗或游泳时，要每隔2~3小时涂一次。

（2）出门时要戴上帽子、戴太阳镜、打遮阳伞。

（五）晒伤性皮肤护理主要产品介绍

1. 晒后修复啫喱面膜

晒后修复啫喱面膜的主要成分是芦荟、金缕梅、海藻萃取等，可以舒缓、镇静晒后皮肤，防止、修复皮肤晒后泛红、干燥及蜕皮的现象，为晒后肌肤补充水分和养分，帮助肌肤康复。

2. 晒后修复乳

晒后修复乳可以帮助减轻晒伤皮肤的灼烧感和疼痛感，温和修护晒后皮肤，恢复肌肤健康活力。此类产品具有清爽不油腻的特点，用后肌肤感觉舒适。

（七）晒伤皮肤护理用具与产品

洗手液	70%酒精	洁面巾
棉片	洗面盆	棉签
纸巾	防敏洗面奶	防敏爽肤水
晒后修复啫喱面膜	晒后修复乳	眼霜 防晒霜

 二、工作过程

（一）工作标准（见表2-3-1）

表2-3-1 晒伤性皮肤护理工作标准

内 容	标 准
准备工作	工作区域干净整齐，工具齐全，码放整齐，仪器设备安装正确，个人卫生仪表符合工作要求

续表

内　容	标　准
操作步骤	能够独立对照操作标准，使用准确的技法，按照规范的操作步骤完成实际操作
操作时间	规定时间内完成任务
操作标准	包头规范，整齐无碎发
	清洁很干净，无残留
	涂抹面膜均匀完整
整理工作	工作区域干净整洁无死角，工具仪器消毒到位，收放整齐

（二）关键技能

冰球按摩

涂啫哩按摩膏
涂抹均匀。

冰敷面颊
双球从下颌起拉向面颊，回到下颌底再拉向两颊，重复此动作3遍。

按抚面颊
双球从下颌底拉向嘴角，经鼻唇沟拉至鼻翼，经颧骨拉向太阳穴．重复此动作2遍。

按抚面颊

双球从下颌底拉向嘴角，经鼻唇沟拉至鼻翼，经颧骨拉向太阳穴 重复此动作2遍。

双球沿太阳穴滑至下颌处，螺旋向上打圈回到发际，重复此动作2遍。

（三）操作流程

接待与咨询
了解顾客的皮肤类型及制定适宜的皮肤护理方案。

准备产品
按照晒伤皮肤护理操作流程从左至右依次摆放产品为：70％酒精、卸妆产品、清洁产品、化妆水、去角质产品、按摩产品、面膜产品、润肤霜。

操作前准备工作
按操作规程依次完成铺床、清洁双手、包头、给双手消毒等操作前准备工作。

单元二 损美性皮肤护理

卸妆
使用蘸有卸妆液的棉片和棉签清洁面部彩妆。

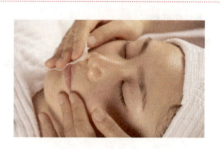

洁面
使用防敏洗面奶清洁面部皮肤。
注意：避免产品进入顾客眼睛里。动作应轻柔，不能过多摩擦。

用纸巾擦掉洗面奶。

用洁面巾将面部清洗干净。

爽肤
使用蘸有防敏爽肤水的棉片以面部按摩基本方向擦拭面部，彻底清洁，平衡皮肤pH值。
以点弹、轻拍的手法按摩。
促进吸收，增加皮肤弹性。

项目三 晒伤皮肤护理

冰球护理
镇静舒缓肌肤。

敷面膜
敷晒后修复啫喱,15~20分钟取下,起到防敏、镇静、收缩血管的作用。

基本保养
涂保湿水、晒后修复乳和防晒霜。

三、学生实践

(一)布置任务

活动:晒伤皮肤护理

在美容实训室,根据晒伤性皮肤护理要求,两人一组轮换进行护理操作练习。练习前先考虑以下问题:

(1)皮肤晒伤的程度如何?

(2)床是否铺好?脖子上的颈巾是否围好?

(3)晒伤性皮肤护理动作是否规范?

(二)工作评价(见表2-3-2)

表2-3-2 晒伤皮肤护理工作评价标准

评价内容	评价标准			评价等级
	A(优秀)	B(良好)	C(及格)	
准备工作	工作区域干净整齐,工具齐全,码放整齐,仪器设备安装正确,个人卫生仪表符合工作要求	工作区域干净整齐,工具齐全,码放比较整齐,仪器设备安装正确,个人卫生仪表符合工作要求	工作区域比较干净整齐,工具不齐全,码放不够整齐,仪器设备安装正确,个人卫生仪表符合工作要求	A B C
操作步骤	能够独立对照操作标准,使用准确的技法,按照规范的操作步骤完成实际操作	能够在同伴的协助下对照操作标准,使用比较准确的技法,按照比较规范的操作步骤完成实际操作	能够在老师的指导帮助下,对照操作标准,使用比较准确的技法,按照比较规范的操作步骤完成实际操作	A B C
操作时间	规定时间内完成任务	规定时间内在同伴的协助下完成任务	规定时间内在老师帮助下完成任务	A B C
操作标准	包头规范,整齐无碎发	包头规范,稍有些碎发	包头不规范,忘记脖子上的颈巾	A B C
	清洁很干净,无残留	清洁较干净,边缘有残留	清洁不干净,有残留	A B C
	涂抹面膜均匀完整	涂抹面膜均匀不完整	涂抹面膜不均匀完整	A B C
整理工作	工作区域干净整洁无死角,工具仪器消毒到位,收放整齐	工作区域干净整洁,工具仪器消毒到位,收放整齐	工作区域较凌乱,工具仪器消毒到位,收放不整齐	A B C
学生反思				

四、知识链接

(一)日光光谱分类及作用

1. **短波(UVC)**:波长200~290nm,称为杀伤性的紫外线,对生命细胞的杀伤能力最强,但一般均被臭氧层吸收,到达地面量少,不会对人体产生大的危害。

2. 中波(UVB):波长290~320nm,又称晒斑紫外线,主要引起皮肤表皮细胞功能的改变,使皮肤产生以红斑为主的急性反应,玻璃可阻挡其穿透。

3. 长波(UVA):波长320~400nm,又称晒损伤性紫外线,虽然不会引起皮肤的急性反应,但可引起真皮层细胞功能的改变,对玻璃、衣物、水等物质的穿透力极强,因此对皮肤的损害最大,而且其作用缓慢、持久,呈累积性,可导致皮肤晒黑,老化,甚至引起癌变。

4. 可见光:400~760nm,有刺激眼视网膜能力等生物活性。

5. 红外线:760~800nm,主要产生热效应。

SPF值即日光防护指数,表示防晒化妆品的实际防晒功效。PA值是欧洲及日本等国家化妆品工业协会制定的,用来表示UVA防护效果。

例如:PA+表示有效防护4小时;PA++表示有效防护8小时;PA+++表示有效强度防护。

项目四　色斑皮肤护理

项目描述：

色斑是指由于多种内外因素影响导致皮肤黏膜色素代谢失常，即产生色素沉着的问题，包括黄褐斑、雀斑及晒斑等，是生活美容领域最常见的损美性皮肤问题。色斑皮肤护理可以通过使用美白祛斑类产品，结合专业的护理方法，使皮肤达到美白的效果。

工作目标：

①能够掌握色斑皮肤的特征。
②能够掌握色斑皮肤的成因。
③能够为顾客制定护理方案。
④能够掌握色斑皮肤的护理手法。
⑤能够掌握色斑皮肤专业护理过程。

一、知识准备

（一）常见色斑的特征

1. 雀斑的特征

雀斑：又称"夏日斑"，表现为棕褐色或暗褐色的圆形或卵形斑点，表面光滑，不高出皮肤，无自觉症状。多发于暴露部位，以面部最多见、也可发于颈部等处，日晒后颜色加深，秋冬季变淡，雀斑皮肤最早可自5~7岁开始出现，青春期更明显。

2. 黄褐斑的特征

黄褐斑：又称"蝴蝶斑""妊娠斑""肝斑"等，表现为淡褐色、形状为不规则的斑片，不高出皮肤，通常在面部呈对称分布，以颧、颊、额部皮肤多见，无自觉症状。日晒后加剧，冬季轻夏季重。

(二) 常见色斑的成因

在护理色斑皮肤之前，必须要清楚色斑发生的原因，这样才能达到防范的目的。

1. 内因

(1) 遗传：雀斑的发生通常与染色体遗传有关，30%的患者有家族史。

(2) 身体内某些器官生理功能障碍：患慢性肝病、肾病、妇科病等，均易促使色斑的形成。

(3) 内分泌障碍：性激素分泌不平衡、妊娠或长期服食药物，是黄褐斑形成的最主要原因。

(4) 精神刺激：长期心情压抑、压力过重等都可形成色斑或使色斑加重。

2. 外因

(1) 强烈的日光照射：强烈的日光照射可加速黑色素的形成，使肤色加深或出现色斑。波长290~400nm的紫外线可提高黑色素细胞的活性，引起色素沉着。色斑出现的部位大多都易为阳光照射，例如：前额、面颊、唇部等。

(2) 化妆品使用不当。

(3) 饮食不均衡，身体内缺乏维生素C、维生素B、维生素E及维生素A的摄入。

(4) 过度疲劳或长期睡眠不足。

(三) 色斑皮肤的护理重点

(1) 促进血液循环，提高皮肤的功能。

(2) 选用高质量的美白祛斑产品，淡化色素、美白肌肤。

(3) 为皮肤补充适当的营养和水分，适度抵抗自由基，不仅可以对抗皮肤老化，也能淡化色素。

(4) 正确、适当地去除角质，减轻色斑症状。

(5) 色斑 (色素沉着) 大多数是因后天因素所造成的现象，它有可能发生在任何一种类型的皮肤上，可借助专业美容护理加以改善。

（四）色斑皮肤护理主要产品介绍

1. 美白洗面奶

美白洗面奶的主要成分是：表面活性剂、高级脂肪酸、羊毛脂、甘油、丙二醇。

2. 美白水

美白水的主要成分：维生素C、熊果苷、芦荟等含美白功效的植物精华。可防止色素生成，美白皮肤，并可有效达到净肤和活肤的目的，令皮肤白皙。

3. 去角质膏

去角质膏是一种对皮肤的老化角质细胞有剥蚀作用的深层清洁产品。美白去角质膏去角质是利用其所含的化学成分，使坏死细胞软化脱落，快速清除老化角质，属于化学性去角质方法。主要成分：甘草、燕麦、木瓜、微酸性的海藻胶、水杨酸、润滑油脂、胶合剂、合成聚乙烯等。可淡化皮肤色斑，改善血液循环，使人容光焕发。

4. 美白按摩膏

美白按摩膏的主要成分是：羊毛油、蜂蜡、乳化剂、卵磷脂、抗氧化剂、去离子水、维生素C、胎盘素、果酸、熊果素等。

5. 美白面膜

美白面膜的主要成分是透明质酸、甘草萃取物、桑葚萃取物、胎盘素、果酸、熊果素、曲酸、维他命C等，具有收缩毛孔、舒展皱纹及漂白皮肤、减少色斑的作用，同时可以补充皮肤的水分，滋润皮肤。

（五）仪器与用具

1. 色斑皮肤护理用具与产品

洗手液

70%酒精

洁面巾

项目四 色斑皮肤护理

棉片

纸巾

洗面盆

棉签

卸妆液

美白洗面奶

美白水

去角质膏

美白按摩膏

美白面膜

美白面霜

眼霜

2. 阴阳电离子仪

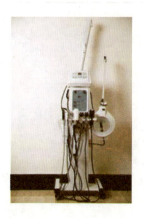

阴阳电离子仪又称为营养导入仪,是利用直流电作用的美容仪器,它能够为皮肤导入营养,吸出杂质,具有营养皮肤、安抚神经、增强渗透、强健纤维、平衡安排皮脂腺的分泌、减少或排除金属离子的沉积及软化纤维的作用。

二、工作过程

(一) 工作标准 (见表2-4-1)

表2-4-1　色斑皮肤护理工作标准

内　容	标　准
准备工作	工作区域干净整齐,工具齐全,码放整齐,仪器设备安装正确,个人卫生仪表符合工作要求
操作步骤	能够独立对照操作标准,使用准确的技法,按照规范的操作步骤完成实际操作
操作时间	规定时间内完成任务
操作标准	包头规范,整齐无碎发
	清洁很干净,无残留
	按摩动作规范,流畅,与皮肤45°贴合
	仪器操作使用正确
	涂抹面膜均匀完整
整理工作	工作区域干净整洁无死角,工具仪器消毒到位,收放整齐

(二) 关键技能

1. 导出与导入

操作前准备工作

安装仪器及配件,接通电源,做好消毒、包头等准备工作。小提示:操作前请顾客摘下身上的金属物品。如顾客体内有金属物以及敏感皮肤、微血管扩张的皮肤、孕妇和心脏病患者均不可以接受阴阳电离子仪护理。衰老皮肤和缺水性皮肤都不可以接受导出杂质的操作。

项目四 色斑皮肤护理

开启仪器
打开开关。

导出杂质
按下控制导出按钮,调整时间。注意:指示灯显示为绿色时为导出;操作前要提示顾客摘下身上的金属物品。

将浸泡生理盐水的棉片缠绕在电极棒上。

请顾客握好电极棒。

用蘸有导出液或生理盐水的棉片均匀涂抹面部。

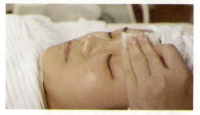

消毒
用酒精棉球擦拭导药钳。

单元二　损美性皮肤护理

将导药钳置于额部。

选择调整时间和电流强度。
注意：电流强度要从低到高，慢慢调整，最终选择适合顾客能接受的强度。操作中顾客皮肤有微刺感觉，是正常现象。

导药钳在皮肤上缓慢移动，均匀滑行。
注意：导药钳始终不离开顾客皮肤，整个过程的时间为3~5分钟。导入完毕时，将导药钳滑回到前额处，调节电流强度至"零"，关闭开关。

用洁面巾将面部导出的杂质擦干净。

导入营养

将电极棒换上干净的浸泡过生理盐水的化妆棉片，给顾客握住。

按下控制导入按钮。
注意：指示灯显示为红色时为导入。

将面部涂上精华液做导入,其步骤和方法相同于导出动作,所需时间为5~7分钟。
注意:避开眼部。

取下顾客手中的电极棒并取下棉片。

关闭仪器

注意:先关闭阴阳电离子电源,再关闭总开关。

操作后结束工作

再次给导药钳消毒,目的是避免交叉感染。

2. 色斑皮肤按摩手法

消毒

用浓度为70%的酒精棉球消毒双手(手心、手背)。

单元二　损美性皮肤护理

包头

左手拿住折边一端沿发际从耳后往右方拉紧至额部压住头发，右手掌同时配合将包住的头发拢向耳后。用同样的方法拉起毛巾右角边往左边压住发际头发。

将毛巾拉至发际。
注意：毛巾必须固定好，用力不要过大，以免弄伤顾客。

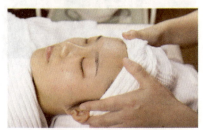

洁面

使用洗面奶清洁面部皮肤。注意避免产品进入顾客眼睛。

涂抹按摩膏

用中指和无名指把按摩膏涂在额头、双颊、鼻头、下颌和颈部。

将脸上的按摩膏打匀。

按摩颈部及下颌部
按抚颈部及下颌部。

按摩鼻部
双手中指夹搓鼻根两侧。

按摩眼部
按抚眼部,双手四指从额中向眼眶分别打开,做环状按抚眼眶。

按摩额部
拉抹额部,双手中指、无名指由鼻翼向鼻梁向上拉抹至印堂穴,用手掌交替向左右两侧拉抹额头。

按摩面颊
四指沿发际向下滑至面颊,双手四指分别做轮指动作。

双手四指交替在左面颊轮指。

双手四指交替在右面颊轮指。

双手用大鱼际在面颊两侧向上做环状打圈动作，着重在色斑部位按摩，目的是加强皮肤的血液循环。

按摩结束动作
按抚颈部及下颌部，双手四指从额中向眼眶分别打开，做环状按抚眼眶，点按太阳穴结束动作。

（三）操作流程

接待与咨询
了解顾客的皮肤类型及制定适宜的皮肤护理方案。

准备产品

按照色斑皮肤护理操作流程从左至右依次摆放产品：70%酒精、卸妆产品、清洁产品、化妆水、去角质产品、按摩产品、面膜产品、润肤霜。

操作前准备工作

按操作规程依次完成铺床、清洁双手、包头、给双手消毒等操作前准备工作。

消毒

对工具、器皿和产品的封口处消毒，要远离顾客头部，避免溅到顾客的皮肤上或眼睛里。

卸妆

使用蘸有卸妆液的棉片和棉签清洁面部彩妆。

洁面

使用洗面奶清洁面部皮肤，动作轻柔快速，时间1分钟，T形区部位时间可稍长。

爽肤
用棉片轻轻擦拭两遍。

观察皮肤
仔细观察顾客皮肤存在的问题。
操作之前,先对皮肤分析仪进行消毒。打开机器的总电源,用湿的棉片盖住顾客眼睛后打开放大镜灯。

用肉眼或皮肤检测仪观察皮肤存在的问题。

蒸面
用棉片盖住眼睛,时间8分钟,距离35厘米,不开臭氧灯。

去角质

使用阴阳电离子仪

按照规范操作,进行面部的导出和导入。使用机器之前要提示顾客摘下身上的金属物品。

按摩

按照规范操作,进行面部的按摩,可促进皮脂腺分泌。可用美白按摩膏按摩,时间为15分钟。

敷面膜

涂抹祛斑美白面膜,由下到上,由中间到两边进行涂抹。可用祛斑、美白面膜。

注意:避开眼部、嘴部。等候15~20分钟。

卸面膜

用干净的纸巾擦掉面膜。

用洁面巾擦净面部。

爽肤
再次清洁皮肤,平衡皮肤pH值。

基本保养
涂美白爽肤水、美白面霜、防晒霜滋润保护皮肤。

三、学生实践

(一) 布置任务

活动:色斑皮肤护理

在美容实训室,根据色斑皮肤护理要求,两人一组轮换进行操作练习。练习前先考虑以下问题:

(1) 仪器电源是否接好?

(2) 护肤品是否准备好?

(3) 按摩护理时动作是否规范?

(二) 工作评价 (2-4-2)

表2-4-2 色斑皮肤护理工作评价标准

评价内容	评价标准			评价等级
	A（优秀）	B（良好）	C（及格）	
准备工作	工作区域干净整齐，工具齐全，码放整齐，仪器设备安装正确，个人卫生仪表符合工作要求	工作区域干净整齐，工具齐全，码放比较整齐，仪器设备安装正确，个人卫生仪表符合工作要求	工作区域比较干净整齐，工具不齐全，码放不够整齐，仪器设备安装正确，个人卫生仪表符合工作要求	A B C
操作步骤	能够独立对照操作标准，使用准确的技法，按照规范的操作步骤完成实际操作	能够在同伴的协助下对照操作标准，使用比较准确的技法，按照比较规范的操作步骤完成实际操作	能够在老师的指导帮助下，对照操作标准，使用比较准确的技法，按照比较规范的操作步骤完成实际操作	A B C
操作时间	规定时间内完成任务	规定时间内在同伴的协助下完成任务	规定时间内在老师的帮助下完成任务	A B C
操作标准	包头规范，整齐无碎发	包头规范，稍有些碎发	包头不规范，忘记脖子上的颈巾	A B C
	清洁很干净，无残留	清洁较干净，边缘有残留	清洁不干净，有残留	A B C
	按摩动作规范，流畅，与皮肤45°贴合	按摩动作规范，不太流畅	按摩动作基本规范	A B C
	仪器操作使用正确	仪器操作基本正确	仪器操作不正确	A B C
	涂抹面膜均匀完整	涂抹面膜均匀不完整	涂抹面膜不均匀完整	A B C
整理工作	工作区域干净整洁无死角，工具仪器消毒到位，收放整齐	工作区域干净整洁，工具仪器消毒到位，收放整齐	工作区域较凌乱，工具仪器消毒到位，收放不整齐	A B C
学生反思				

四、知识链接

色斑皮肤者在生活中的注意事项

（1）防晒，外出要佩戴遮阳工具、涂防晒霜。

（2）正确选用高质量化妆、护肤品。

（3）注意营养均衡，多摄取维生素C、维生素E、维生素A的食物。

（4）保持充足睡眠，避免熬夜，注意维护身体健康。

（5）保持愉快的心情、乐观的生活态度。

（6）注意要持续性地保养肌肤。

一、个案分析

张女士面部有痤疮,在做完护理后很不满意,原因是美容师在为她进行护理时,清理粉刺时很疼,没有告诉她应该注意些什么。

二、专题活动

在做本专题前,你要收集以下信息:

(1)在实习过程中,观察美容师接待与咨询流程。

(2)在实习过程中,观看美容师的操作护理流程。

(3)了解护肤品的成分与作用,并记录下来。

记录以下几点

(1)对顾客皮肤进行分析,将分析的结果记录下来。

(2)按照检测的流程制定合理的护理方案。

(3)护理过程中的注意事项。

三、课外实训记录表

请将你在本单元学习期间参加的各项专业实践活动情况记录在下面表格中。

服务对象	时间	工作场所	工作内容	服务对象反馈

单元三　衰老性皮肤护理

单元导读

内容介绍

人类皮肤的老化,是指皮肤在外源性或内源性因素的影响下引起皮肤外部形态、内部结构和功能衰退等现象。就像自然界的万物一样,皮肤也要经历生长和衰老的过程,这是自然规律,也是生理过程。一般皮肤在25~30岁以后,随着年龄的增长,皮肤开始缺少弹性,失去张力,出现松弛、下垂和皱纹等现象,在眼部尤为严重,这说明皮肤已经开始衰老。学习本单元内容可帮助了解衰老性皮肤的特征及成因,掌握操作步骤和手法,并运用到日常生活和工作当中。

单元目标

①能正确鉴别衰老性皮肤类型及成因。

②能够制定完整皮肤护理方案。

③能够运用正确手法,按照衰老皮肤护理程序完成操作。

④树立以人为本、顾客至上的服务意识。

⑤培养敬业、精益、专注、创新的工匠精神。

紧致提升皮肤护理

项目描述：

随着青春期的结束，皮肤生理机能逐渐开始老化，女性25~30岁之后皮肤的血液循环减弱，血液供应降低，导致纤维营养不足。皮肤变得干燥，缺乏光泽，多有皮屑产生，这是由于皮脂腺分泌减少所致。皮肤缺油的同时也一定会缺水，开始变得脆弱，适应能力下降。

工作目标：

①知道皮肤衰老的内因和外因。
②能根据皮肤特征，制定护理方案。
③能够按照流程完成紧致提升护理的操作。

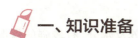 **一、知识准备**

（一）衰老性皮肤的特征及成因

衰老性皮肤的特征：一般皮肤在25~30岁以后，随着年龄的增长，皮肤组织功能逐渐衰退，皮肤开始缺少弹性，失去张力，出现松弛、下垂和皱纹等现象，在眼部尤为严重，这说明皮肤已经开始衰老。

引起皮肤衰老的因素很多，大致分为内因和外因两方面。

1. 外因

（1）紫外线的伤害。

(2) 地心引力的作用。

(3) 错误的保养。

(4) 饮食不当和不良生活习惯。

(5) 任意节食。

(6) 恶劣的生活环境。

2. 内因

(1) 年龄增长。

(2) 植物性神经功能紊乱。

(3) 内脏机能病变。

(4) 内分泌紊乱等因素。

以上这些因素导致了肌肤结构的改变，造成肌肤衰老的结果。美容师只有了解衰老的原因才能为顾客制定适合的护理方案。

(二) 紧致提升皮肤护理主要产品介绍 1. 保湿洗面奶

保湿洗面奶的主要成分是表面活性剂、高级脂肪酸、羊毛脂和甘油等成分。一般为中性乳液状，质地细腻，清洁效果好，具有良好的流动性，延展性和渗透性，能防止皮肤过度脱脂，使洗净后皮肤有湿润感。

2. 抗皱爽肤水

抗皱爽肤水的pH值为弱酸性，其主要成分是氢氧化钾，它能溶解多余的角质，为皮肤补充水分，使皮肤柔软、滋润，恢复和增强皮肤的活力。

3. 营养水

营养水的主要成分醇类、保湿剂、柔软剂等可补充皮肤营养及水分，有较强的保湿功能，适用于衰老性皮肤。

4. 滋润按摩膏

滋润按摩膏的主要成分除含有羊毛油、蜂蜡、乳化剂、卵磷脂、抗氧化剂、去离子水等成分外，添加了人参、维生素E、芦荟等润肤、保湿成分，适用于衰老性皮肤进行按摩。

（三）仪器与用具

1. 用具与产品

洗手液

70%酒精

洁面巾

棉片

卸妆液

保湿洗面奶

抗皱爽肤水

去角质膏

滋润按摩膏

眼霜

紧致提升面膜

面霜

2. 超声波美容仪

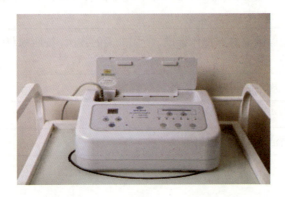

(1)构造:超声波美容仪是由电源开关、时间选择、功率选择、波形选择、输出选择、大小超声探头组成。

(2)原理:超声波是指频率超过20000赫兹,但不引起正常人听觉的机械振动波。其声波的产生源于超声波发射器,它能发射出一种疏密交替并可向周围介质传播的波形。波形分为两种:a.连续波,波形呈连续而均匀发射,热效应明显。b.脉冲波,波形呈规律性间断发射,热效应相对减弱。

(3)功能:消除皮肤色素异常;消除痤疮愈后瘢痕;分化色素,去除皮下斑;防皱,除皱拉皮;消除眼袋黑眼圈;常做超声波美容按摩可改善皮肤质地。

(4)注意事项及日常养护:使用超声波美容仪之前,皮肤应保持清洁;在面部涂足够的精华素,防止探头在运行中烧坏或使皮肤受损;操作时先做面部,时间为10分钟左右;眼部的时间为5分钟左右;转换做眼部时,应及时调整时间、波形、功率大小及探头;操作时,严禁将正在使用的探头直接对着顾客的眼睛,以免伤害眼球;敏感皮肤操作时,可适当减弱电功率和运行力度,如产生红肿,约10分钟后可自行消退;整个超声波护理时间不得超过15分钟,仪器连续使用时间不要过长,一疗程结束后应按下暂停键休息片刻;探头使用后须清洁消毒,以免交叉感染,将探头擦干保存,避免细菌和水渍。

二、工作过程

(一)工作标准(见表3-1-1)

表3-1-1 紧致提升皮肤护理工作标准

内容	标准
准备工作	工作区域干净整齐,工具齐全码放整齐,仪器设备安装正确,个人卫生仪表符合工作要求
操作步骤	能够独立对照操作标准,使用准确的技法,按照规范的操作步骤完成实际操作
操作时间	在规定时间内完成任务
操作标准	包头规范,整齐无碎发 清洁很干净,无残留

续表

内　容	标　准
操作标准	按摩动作规范，流畅，与皮肤45°贴合
	仪器操作使用正确
	涂抹面膜均匀完整
整理工作	工作区域干净整洁无死角，工具仪器消毒到位，收放整齐

（二）关键技能

超声波导入

消毒
用酒精棉球消毒超声波美容仪的声头。
注意：根据部位和面积选择声头并消毒，声波调至高档，一般为0.75~1W，时间为5~15分钟。

开启超声波美容仪
接通电源，打开开关，预热3分钟，根据需要设置操作模式。

选择产品
根据皮肤状况类型选择适合的营养霜，最好是胶状或膏霜状的产品。

涂抹营养精华素

将营养精华素以打圈的方式均匀地涂在脸上。

导入

打开超声波美容仪,美容师手持声头紧贴额头以螺旋形或之字形按摩移动至右面颊皮肤,顺肌肉纹理继续移至下颌、左面颊,最后到额头,完成操作。

注意:操作时手要稳,手腕不要移动,主要靠手臂的力量带动,力度均匀,速度要缓慢,整个操作完成2遍。时间为10分钟。

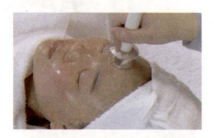
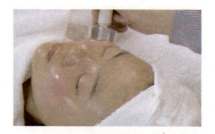
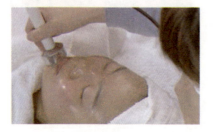

关闭超声波美容仪

操作完毕后,及时关掉超声波电源,清洁声头并做必要的消毒工作。

注意:不要马上清洗皮肤,让营养精华素保留10分钟,使其充分渗透。

项目一　紧致提升皮肤护理　129

（三）操作流程

接待与咨询
了解顾客的皮肤类型及制定适宜的皮肤护理方案。

准备产品
按照护理操作流程从左至右依次摆放产品为：70%酒精、卸妆产品、清洁产品、化妆水、去角质产品、按摩产品、面膜产品、润肤霜。

操作前准备工作
按操作规程依次完成铺床、清洁双手、包头、给双手消毒等操作前准备工作。

卸妆
使用蘸有卸妆液的棉片和棉签清洁面部彩妆，卸妆要彻底。

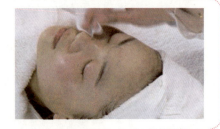

洁面
使用滋润抗皱型洗面奶清洁面部皮肤。
注意：避免产品进入顾客眼睛里。

爽肤

用蘸有保湿水的棉片以面部按摩基本方向擦拭面部，彻底清洁，平衡皮肤pH值。

使用美容放大镜观察皮肤

用放大镜观察顾客的皮肤，按步骤顺序进行，依次为额头→左面颊→下巴→右面颊→鼻头，逐一进行测试。

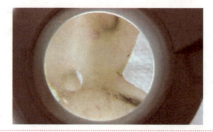

蒸面

使用奥桑喷雾仪蒸面，距离为25~30厘米，时间为8~10分钟。

去角质

将去角质膏均匀涂在整个脸部和颈部，停留5分钟后轻柔搓掉。
细心观察皮肤去角质后的状态及清洁度。

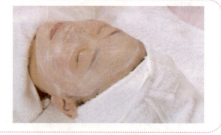

超声波导入

利用仪器配合将营养精华素导入皮肤，导入时间为10分钟。

按摩

用按摩膏均匀地涂抹面部。使用提升手法按摩,按摩时间为15~20分钟。

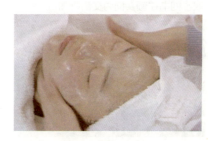

在颈部做拉抹动作。

在面部做三线按摩,双手围绕面颊部向内打圈。

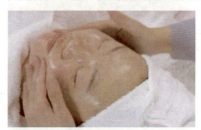

下颚部按摩,双手四指托住下颚,大拇指在下嘴唇和下颚中间交叉横向来回推抹。

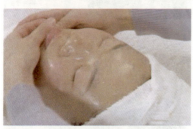

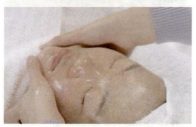
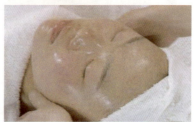

双手四指在额头向内交错打圈。

在太阳穴处画"8"字。

双手交替在面颊部做提升动作。

双手四指在眼下部点按睛明、承泣、球后、瞳子髎穴。

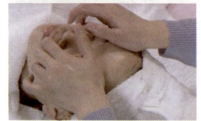

点按迎香穴、巨髎穴、颧髎穴、颊车穴。

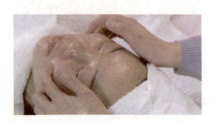
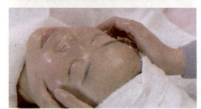

提升颈颚部肌肤。

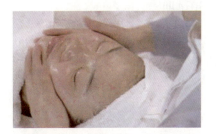

双手交叉,轻压额头,并缓慢分开。

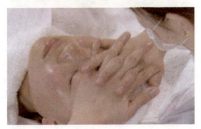
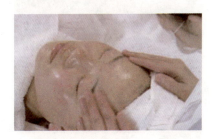

在太阳穴处画"8"字,点按太阳穴。

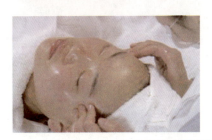

敷面膜

将紧致提升面膜用面膜刷均匀地涂抹在面部。
小提示:用面膜刷将面膜由下至上,由内到外均匀地涂在脸上,避开眼部。

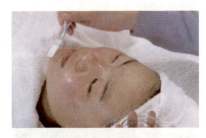

清洗面膜

等候15~20分钟后将面膜清洗干净。

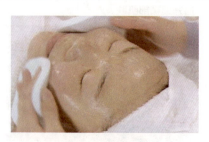

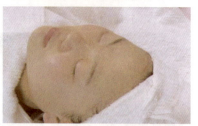

基本保养

涂营养水。

用手按压面部直至吸收。

涂抹润肤霜、滋养保护皮肤。

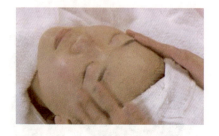

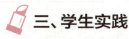 三、学生实践

(一) 布置任务

活动：做全套紧致提升护理

在美容实训室，按照紧致提升护理的操作步骤和要求，两人一组轮换操作练习。

（1）练习前考虑以下问题：

做紧致提升护理和做普通护理的区别是什么？

做紧致提升护理所使用的清洁产品要柔和的。

面对松弛下垂的皮肤宜使用延缓衰老的护肤品。

加强深层按摩提升手法，增加血液循环，促进新陈代谢。

（2）在护理过程中你可能会遇到什么问题？

（3）做完整套护理效果不理想怎么办？

（4）你需要特别注意以下问题：

取酒精时远离顾客头部，避免碰到皮肤和眼睛；

以按抚提升为主要按摩手法，注重面颊部、额部和下颌部的提升手法；

在眼部按摩时避免产品进入顾客眼睛里；

在敷面膜时尽量按由下至上、由内向外的方法进行涂抹。

(二) 工作评价（见表3-1-2）

表3-1-2 紧致皮肤护理工作评价标准

评价内容	评价标准			评价等级
	A（优秀）	B（良好）	C（及格）	
准备工作	工作区域干净整齐，工具齐全，码放整齐，仪器设备安装正确，个人卫生仪表符合工作要求	工作区域干净整齐，工具齐全，码放比较整齐，仪器设备安装正确，个人卫生仪表符合工作要求	工作区域比较干净整齐，工具不齐全，码放不够整齐，仪器设备安装正确，个人卫生仪表符合工作要求	A B C

续表

评价内容	评价标准			评价等级
	A(优秀)	B(良好)	C(及格)	
操作步骤	能够独立对照操作标准,使用准确的技法,按照规范的操作步骤完成实际操作	能够在同伴的协助下对照操作标准,使用比较准确的技法,按照比较规范的操作步骤完成实际操作	能够在老师的指导帮助下,对照操作标准,使用比较准确的技法,按照比较规范的操作步骤完成实际操作	A B C
操作时间	规定时间内完成任务	规定时间内在同伴的协助下完成任务	规定时间内在老师帮助下完成任务	A B C
操作标准	包头规范,整齐无碎发	包头规范,稍有些碎发	包头不规范,忘记脖子上的颈巾	A B C
	清洁很干净,无残留	清洁较干净,边缘有残留	清洁不干净,有残留	A B C
	按摩动作规范,流畅,与皮肤45°贴合	按摩动作规范,不太流畅	按摩动作基本规范	A B C
	仪器操作使用正确	仪器操作基本正确	仪器操作不正确	A B C
	涂抹面膜均匀完整	涂抹面膜均匀不完整	涂抹面膜不均匀完整	A B C
整理工作	工作区域干净整洁无死角,工具仪器消毒到位,收放整齐	工作区域干净整洁,工具仪器消毒到位,收放整齐	工作区域较凌乱,工具仪器消毒到位,收放不整齐	A B C
学生反思				

 四、知识链接

(一)皮肤老化的原因

皮肤老化的外在因素之一是紫外线的伤害,又称光老化,一般来说紫外线可分为长波(UVA,波长为320~400nm)中波(UVB290~320nm)和短波(UVC200~290nm)其中UVC紫外线对细胞的伤害最为强烈,但大部分UVC被臭氧层吸收散射,不能达到地面。

UVA在阳光中的比例比UVB大100~1 000倍，穿透力强，30%~50%能达到真皮层，也不受季节、云层、玻璃、水等影响。给人体皮肤带来的伤害以损伤真皮为主，还可引起真皮胶原蛋白含量减少，胶原纤维退化，弹力纤维结构退行性改变，造成皮肤松弛，皱纹增多等。

项目二　眼部皮肤护理

项目描述：

眼部皮肤比脸部皮肤薄、细嫩，对外界刺激较敏感，皮下结缔组织薄而疏松，水分多，弹性较差，容易引起水肿。眼部肌层薄而娇嫩，脂肪组织少，加之每天眼部开合次数达一万次以上，故易引起肌肉紧张，弹性降低，出现眼袋、松弛、皱纹等现象。眼部周围的皮脂腺和汗腺很少，水分容易蒸发，皮肤容易干燥，衰老。学习本项目可熟悉眼部问题发生的成因、特点及注意事项，根据生理特点制定有针对性的眼部护理方案，掌握眼部皮肤护理的操作流程及护理方法。

工作目标：

①能了解眼部皮肤的特点，及眼部问题发生的原因。
②能掌握眼部问题（眼袋，黑眼圈，皱纹）的基本特征。
③能根据眼部皮肤特征，制定完整护理方案。
④能按规范的操作步骤完成实际操作。

一、知识准备

（一）眼部皮肤结构（见图3-2-1）

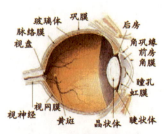

图3-2-1　眼部皮肤结构

眼部的皮肤主要由上、下眼睑构成，上眼睑较下睑宽而大，下睑缘间的空隙称睑裂，睑裂边缘为睑缘，也称灰线，灰线前缘有睫毛，上睑与下睑交界处为内眦、外眦。上、下睑缘各有一泪乳头，泪点紧贴球结膜，泪液经此小管入泪囊，最后经鼻泪管由下鼻道流出。

眼睑分为六层：

(1)皮肤(为人体最薄的皮肤之一，因此易形成皱褶)；

(2)皮下组织(由疏松的结缔组织构成，弹性较差，易推动，常因水肿或出血而肿胀)；

(3)肌层(包括眼轮匝肌、提上睑肌和苗氏肌)；

(4)肌下组织(位于眼轮匝肌和睑板之间，有丰富的血管和神经)；

(5)睑板(呈半月形，由强韧的纤维组织构成，是眼睑的支架)；

(6)睑结膜(为覆盖眼睑后的黏膜层，起减轻摩擦，保护眼睛的作用)。

(二)黑眼圈、眼袋、鱼尾纹等眼部问题产生的原因

1. 黑眼圈

黑眼圈大致可分为两种：一种是血管型黑眼圈，由于眼眶周围的皮肤特别薄，皮下组织少，一旦血液循环不佳或眼周围细小血管充血，就形成黑眼圈。另一种是色素型黑眼圈，是指因色素沉淀在眼眶周围而产生的黑眼圈，如长期阳光照射受紫外线侵害，可引起眼周有过多的黑色素沉着而出现黑眼圈。另外，除了体质遗传导致眼睛周围黑色素较深外，吸烟、饮酒过量、饮食不规律、过度疲劳、情绪低沉、思考过度或熬夜引起的睡眠不足等，都会引起黑眼圈。

2. 眼袋

眼袋可分为暂时性眼袋和永久性眼袋。睡眠不足、用眼过度、肾病、怀孕、月经不调等导致血液、淋巴液等循环功能减退，会造成暂时性体液堆积，进而形成暂时性眼袋。

永久性眼袋包括以下四种类型：

(1)下睑垂挂畸形型，由于年龄增大，肌体功能衰退，使皮肤肌肉松弛所致。

(2)睑袋型，因为眶内脂肪从松弛的局部间隙疝出所致。

(3)单纯脂肪膨出型眼袋，此类多为年轻人，与遗传因素有关。

(4)肌性型眼袋，主要原因为眼轮匝肌肥厚。

眼袋的成因：

(1)年龄因素，人到了中年，由于眼睑皮肤逐渐松弛，皮下组织萎缩，眼轮匝肌和眼

隔膜张力下降，出现脂肪堆积，形成眼袋，主要是下睑垂挂畸形型。

（2）遗传因素，有家族遗传史，眼袋可出现在青少期。随年龄增长越加明显，多为单纯脂肪膨出型眼袋。

（3）疾病因素，如患有肾病者，会因血液、淋巴液等循环功能减弱，造成眼睑部位体液堆积而形成或加重眼袋。

（4）生活习惯因素，疲劳、失眠、经常哭泣、戴隐形眼镜时不正确地翻动、拉扯、搓揉眼部，使之失去弹性而变得松弛。

3. 鱼尾纹

成因：

（1）年龄因素，由于皮肤衰老、松弛、胶原纤维和弹性纤维断裂而形成，是面部皮肤衰老的征象，也是人衰老的主要标志。

（2）表情因素，做某种表情形成的，如人笑的时候，眼角会形成自然的鱼尾纹。

（3）环境因素，阳光的照射，环境的污染或环境温度过高、过低，也会使皮肤的胶原蛋白及多糖体减少，眼部弹性纤维组织折断，从而产生鱼尾纹。

（4）生活习惯因素，洗面的水温过高、过低或吸烟过多等。

（三）眼部皮肤护理主要产品介绍

（1）卸妆油：利用其可以溶解脂质的清洁原理，将眼部彩妆清除干净。

（2）滋润洗面奶：主要成分有表面活性剂、甘油等成分等，清洁效果好，一般为中性乳液状，质地细腻，使洗净后皮肤有湿润感。

（3）抗皱爽肤水：抗皱爽肤水的pH值为弱酸性，主要由氢氧化钾组成，它溶解多余的角质，为皮肤补充水分，使皮肤柔软，滋润，恢复和增强皮肤的活力。

（4）眼部按摩霜：眼部专用按摩霜中含有人参、维生素E、芦荟等润肤、保湿成分，适用于眼部按摩。

（5）眼膜：眼膜内含有绿色植物综合体、矢车菊、金缕梅等成分，质地细腻柔细，易于皮肤迅速吸收，可减轻眼部浮肿，缓解眼部疲劳。

（6）眼霜：可有效消除眼部皱纹，缓解眼部水肿，淡化黑眼圈，滋养眼部皮肤。

项目二 眼部皮肤护理 141

(四) 眼部皮肤护理用具与产品图

洗手液　　70%酒精　　洁面巾

棉片　　棉签　　眼部卸妆液　　抗皱爽肤水

眼霜　　滋润洗面奶　　眼部按摩膏　　眼膜

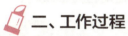 **二、工作过程**

(一) 工作标准 (见表3-2-1)

表3-2-1　眼部皮肤护理工作标准

内　容	标　准
准备工作	工作区域干净整齐，工具齐全，码放整齐，仪器设备安装正确，个人卫生仪表符合工作要求
操作步骤	能够独立对照操作标准，使用准确的技法，按照规范的操作步骤完成实际操作
操作时间	规定时间内完成任务
操作标准	包头规范，整齐无碎发
	清洁很干净，无残留
	按摩动作规范，流畅，与皮肤45°贴合
	仪器操作使用正确
	涂抹眼膜均匀完整
整理工作	工作区域干净整洁无死角，工具仪器消毒到位，收放整齐

(二)关键技能

眼部按摩

按抚
双手四指同时在眼周按抚,放松神经和肌肉。
注意:力度轻柔,速度缓慢。

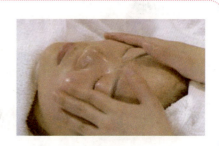

指压穴位
用中指推压眼眶,按压睛明穴。

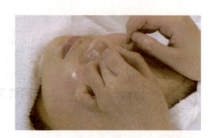

按压攒竹穴。
注意:按压穴位时力度由轻到重,缓慢抬起。

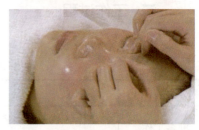

按压鱼腰穴。
注意:按压穴位时力度由轻到重,缓慢抬起。

按压丝竹空穴。
注意:按压穴位时力度由轻到重,缓慢抬起。

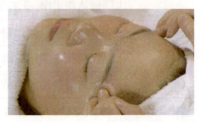

在太阳穴画"8"字形。
注意：按压穴位时力度由轻到重，缓慢抬起。

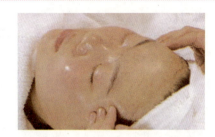

点按瞳子髎穴。
注意：按压穴位时力度由轻到重，缓慢抬起。

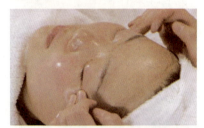

点按球后穴。
注意：按压穴位时力度由轻到重，缓慢抬起。

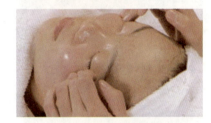

点按承泣穴。
注意：按压穴位时力度由轻到重，缓慢抬起。

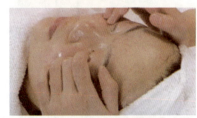

点按四白穴。
注意：按压穴位时力度由轻到重，缓慢抬起。

四指由内向外推压眼眶。

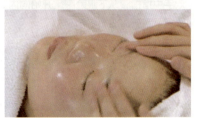

提抹

双手食指中指圈抹眼眶，双手食指中指交替向上提抹眼尾处，帮助提升眼角。
注意：速度宜缓慢均匀。

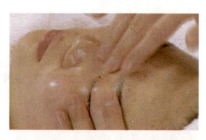

点按眉肌。

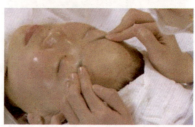

在太阳穴画"8"字并点按太阳穴。

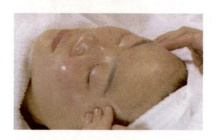

打圈

用左手食指中指无名指分绷眼尾处，右手中指无名指在眼尾处交替向外圈揉，帮助减淡鱼尾纹。

双手中指指腹从下眼睑眼尾开始向内圈揉，帮助收提眼袋，促进眼部血液循环。

点弹
双手四指轻弹眼周，放松眼部肌肉，使眼部肌肉紧实。

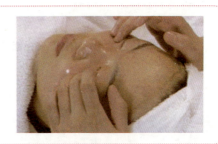

拉抹
右手三指向上提拉住眼角，左手无名指和中指由外眼角向内眼角做拉抹动作，对消除眼袋有很好的效果。

（三）操作流程

接待与咨询
了解顾客的皮肤类型及制定适宜的皮肤护理方案。

准备产品
按照护理操作流程从左至右依次摆放产品为：70%酒精、卸妆产品、清洁产品、化妆水、眼部按摩产品、眼膜产品、润肤霜。

操作前准备工作
按操作规程依次完成铺床、清洁双手、包头、给双手消毒等操作前准备。

单元三 衰老性皮肤护理

卸妆
使用蘸有卸妆液的棉片和棉签清洁面部彩妆，卸妆要彻底。

洁面
使用滋润抗皱型洗面奶清洁面部皮肤。
注意：避免产品进入顾客眼睛里。

爽肤
用蘸有保湿化妆水的棉片以面部按摩的基本方向擦拭面部。
彻底清洁，平衡皮肤pH值。

消毒仪器
用蘸有酒精的棉片消毒声头。

涂抹精华液
选用适合顾客的眼部精华液均匀地涂抹在眼部。

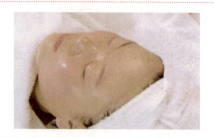

超声波导入

利用仪器小声头配合超声波将营养精华素导入皮肤,导入时间为5分钟。

先从眼尾开始,按照眼部纹理走向,速度均匀、力度轻柔地在眼部做螺旋形打圈。眼部有皱纹的顾客,可以在眼部多次打圈。左边操作完后,右边用同样的方法继续操作。

注意: 避免精华素进入眼内;声头不要离开顾客的皮肤;操作完后,关掉电源,让精华素在眼部保留3~5分钟后,开始进行眼部的按摩。

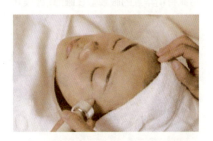
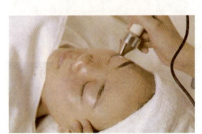
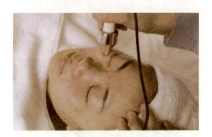

按摩

用滋养眼部按摩膏在眼部进行专业手法按摩,依次是睛明穴、攒竹穴、鱼腰穴、丝竹穴、太阳穴、瞳子髎穴、球后穴、承泣穴、四白穴等,时间为5~10分钟。

注意: 力度由轻到重,手要轻柔,不要压眼球。

清洁
用纸巾沾除多余的眼部按摩膏。

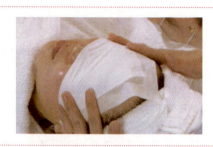

敷眼膜
将蘸有精华素的眼膜敷在眼部,等候10~15分钟后将眼膜取下并清洗眼部。

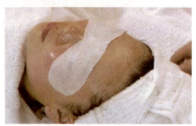 

基本保养
均匀地涂爽肤水、润肤霜、眼霜、面霜和防晒霜,滋养保护皮肤。

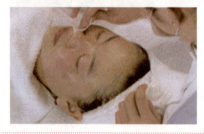 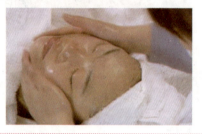

三、学生实践

(一)布置任务

活动:做全套眼部护理流程

在美容实训室,按照眼部护理的操作步骤和要求,两人一组轮换进行眼部护理的操作练习。

你需要考虑的问题:

(1)卸妆是否彻底?

(2)眼部按摩的力度应怎样掌握？

(3)眼部护理操作选择产品是否合适？

(4)结束护理后顾客感觉效果不明显你会怎么办？

(二)工作评价（见表3-2-2）

表3-2-2　眼部皮肤护理工作评价标准

评价内容	评价标准			评价等级
	A（优秀）	B（良好）	C（及格）	
准备工作	工作区域干净整齐，工具齐全，码放整齐，仪器设备安装正确，个人卫生仪表符合工作要求	工作区域干净整齐，工具齐全，码放比较整齐，仪器设备安装正确，个人卫生仪表符合工作要求	工作区域比较干净整齐，工具不齐全，码放不够整齐，仪器设备安装正确，个人卫生仪表符合工作要求	A B C
操作步骤	能够独立对照操作标准，使用准确的技法，按照规范的操作步骤完成实际操作	能够在同伴的协助下对照操作标准，使用比较准确的技法，按照比较规范的操作步骤完成实际操作	能够在老师的指导帮助下，对照操作标准，使用比较准确的技法，按照比较规范的操作步骤完成实际操作	A B C
操作时间	规定时间内完成任务。	规定时间内在同伴的协助下完成任务	规定时间内在老师帮助下完成任务	A B C
操作标准	包头规范，整齐无碎发	包头规范，稍有些碎发	包头不规范，忘记脖子上的颈巾	A B C
	清洁很干净，无残留。	清洁较干净，边缘有残留	清洁不干净，有残留	A B C
	按摩动作规范，流畅，与皮肤45°贴合	按摩动作规范，不太流畅	按摩动作基本规范	A B C
	仪器操作使用正确	仪器操作基本正确	仪器操作不正确	A B C
	涂抹眼膜均匀完整	涂抹眼膜均匀不完整	涂抹眼膜不均匀完整	A B C
整理工作	工作区域干净整洁无死角，工具仪器消毒到位，收放整齐	工作区域干净整洁，工具仪器消毒到位，收放整齐	工作区域较凌乱，工具仪器消毒到位，收放不整齐	A B C
学生反思				

四、知识链接

（一）脂肪粒形成的原因

经常会看到有些人眼部会有一些脂肪粒，是针尖至粟粒大的白色或黄色颗粒状硬化脂肪，表面光滑，呈小片状，单独存在，互不融合，埋于皮内，容易发生在较干燥、易阻塞或代谢不良的部位，如眼睑、面颊及颈部。原因是新陈代谢缓慢，皮肤毛孔阻塞，皮肤长期缺乏清洁保养或使用油性过大的眼霜、日霜等化妆品，毛孔阻塞，油脂无法排泄，使皮脂硬化形成脂肪粒。

（二）眼部皮肤的主要特点是什么

眼睑皮肤比脸部皮肤薄、细嫩，对外界刺激较敏感，皮下结缔组织薄而疏松，水分多，弹性较差，容易引起水肿。眼部肌层薄而娇嫩，脂肪组织少，加之每天眼部开合次数达一万次以上，故易引起肌肉紧张，弹性降低，出现眼袋、松弛、皱纹等现象。眼部周围的皮脂腺和汗腺很少，水分容易蒸发，皮肤容易干燥、衰老。

项目三 祛皱皮肤护理

项目描述:

衰老是不可避免的,这是生命过程的自然规律,由于人的生活环境、生活方式、皮肤保养方法、遗传等因素的不同,使得每个人的衰老程度、速度具有很大差异。女性35~40岁表情纹开始加深;40~45岁小皱纹加深加粗,甚至可交叉,皮肤变薄,角质层增厚;45~50岁皮肤下层组织开始老化,皱纹开始扩展到眉间、面部、皮肤松弛,嘴角、眼角开始下垂,出现双下巴。这是皮肤的自然老化,也是生命过程的必然规律,但在一定条件下可以延缓皮肤衰老的发生。通过本项目的学习可了解皱纹形成的原因、护理的重点、在生活中需要注意的事项,掌握衰老性皮肤的类型并能制定护理方案,按照标准操作流程完成整套护理。

工作目标:

① 掌握皱纹形成的内因和外因。
② 能正确鉴别衰老性皱纹皮肤类型。
③ 能根据皮肤特征,制定护理方案。
④ 能够运用正确手法,完成整套操作流程。

一、知识准备

（一）皱纹皮肤产生的原因及护理重点

皱纹皮肤归纳起来有内因和外因两个方面：

1. 内因

（1）激素分泌不足，雄激素和肾上腺皮质激素能刺激皮脂腺成长、增殖与分泌，使皮肤保持润泽，雌激素则可使皮下脂肪丰厚，维持弹性，因此，当激素分泌减少时，皮肤功能便逐渐衰退，失去光泽，皮肤松弛下垂。

（2）体内及皮肤水分减少令肌肤干燥而产生皱纹。

（3）长期紧张、精神压力、心情烦闷会破坏免疫系统，导致健康状况不良，皮肤也随之受影响，出现衰老症状。

（4）由于咀嚼和肠胃功能衰退，影响了对脂肪的吸收，造成营养不良，体内缺乏维生素等导致肌体组织缺乏营养，引起皮肤粗糙、松弛和皱纹。

2. 外因

（1）不良生活习惯，如熬夜、过度疲劳、烟酒过量和平日饮水不够，都能导致皮肤衰老产生皱纹。

（2）在阳光下过度暴晒，使皮肤干燥，受到损伤。

（3）缺少预防性皮肤护理，不能及时有效地清洁皮肤。

（4）皮肤没能得到正确、专业的护理。

（5）化妆品使用不当。

（6）恶劣的气候影响，如弥漫的风沙，空气干燥，过冷或过热的气候都会对皮肤造成影响。

（7）体重突然迅速减轻或面部表情过于丰富，会使皮肤松弛产生皱纹。

3. 护理重点

使用具有疗效的护肤品，为皮肤补充所需的营养和水分，减缓皮肤老化的速度使皮肤恢复弹性，重现光泽。

刺激皮肤血液循环，促进新陈代谢，加强皮肤自我保护能力。

清洁要彻底，防止残留污物侵害皮肤，所使用产品性质要温和，操作手法要轻柔，避免剥夺皮肤天然油分。

(二)皱纹皮肤护理主要产品介绍

1. 滋润洗面奶

滋润洗面奶的主要成分有表面活性剂、高级脂肪酸、羊毛脂、甘油等，一般为中性乳液状，质地细腻，具有良好的流动性、延展性和渗透性，能防止皮肤过度脱脂，使皮肤洗净后有湿润感。

2. 抗皱爽肤水

抗皱爽肤水：pH值为弱酸性，主要由氢氧化钾组成，它溶解多余的角质，为皮肤补充水分，使皮肤柔软、滋润，恢复和增强皮肤的活力。

3. 滋养按摩膏

胎盘营养霜、活性营养霜等滋养按摩膏，添加了人参、维生素E、芦荟等润肤、保湿成分，适用于对衰老性皮肤进行按摩。

4. 骨胶原面膜

骨胶原面膜营养丰富，效果明显，一般像一张弹性和伸缩性较强的软纸，吸湿后会缩小并将有效成分释放，其主要成分为胶原蛋白维生素E、水解蛋白，可使皮肤光滑细腻，恢复弹性，并能收缩毛孔，舒展皱纹，补充水分。

(三)祛皱皮肤护理用具与产品

洗手液

70%酒精

洁面巾

棉片

纸巾

洗面盆

单元三 衰老性皮肤护理

棉签	卸妆液	滋润洗面奶
抗皱爽肤水	去角质膏	滋润按摩膏
骨胶原面膜	滋润面霜	眼霜

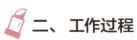

二、工作过程

(一) 工作标准 (见表3-3-1)

表3-3-1 祛皱皮肤护理工作标准

内 容	标 准
准备工作	工作区域干净整齐,工具齐全,码放整齐,仪器设备安装正确,个人卫生仪表符合工作要求
操作步骤	能够独立对照操作标准,使用准确的技法,按照规范的操作步骤完成实际操作
操作时间	规定时间内完成任务
操作标准	包头规范,整齐无碎发
	清洁很干净,无残留
	按摩动作规范,流畅,与皮肤45°贴合
	仪器操作使用正确
	涂抹面膜均匀完整
整理工作	工作区域干净整洁无死角,工具仪器消毒到位,收放整齐

（二）关键技能

1. 面部祛皱按摩

涂抹按摩膏

四指并拢将按摩膏抹开涂匀。双手交替由颈部向外打圈，注意力度要轻柔，避免压迫颈部。

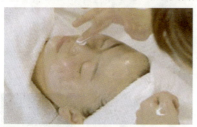

由下巴至面颊，向斜上方走三线：

1线：下巴—耳后。

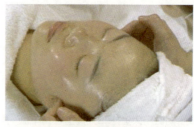

2线：嘴角—耳中。

3线：鼻翼—太阳穴，在太阳穴画"8"字后，点按。

中指从迎香穴拉至神庭穴上到额头。

用四指向内打圈至太阳穴。

按抚眼部
按抚眼睛（眼球空着，主要按抚下眼眶，由内向外）点按太阳穴。

按抚下颌
双手同时用大鱼际和大拇指轻托下颌，再由下颌滑至耳根，收紧下颌、收紧面部轮廓，共3遍。
注意：力度可稍重。

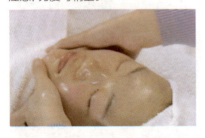
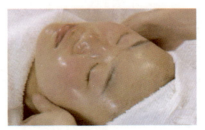

按摩颈部
双手四指交替向外拉抹颈部颈纹，打圈按抚颈部2遍。
注意：力度宜轻柔，在喉部易引起压迫产生不适。

按摩唇部
大拇指在唇周画圆3圈,用双手大拇指轻提嘴角3次,有提升收紧嘴角之功效。

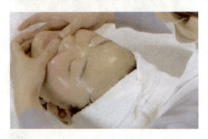
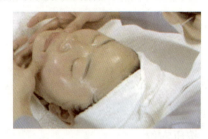

按抚全脸
用掌和四指在面颊部大面积向内打圈以提升收紧面颊。
注意:斜向上方到发际边缘处力度可稍重。

提升面颊
四指合拢拉抹三线(同上)。

按抚眼部
上到眼周,四指合拢,环状打圈按抚眼周3圈,点按太阳穴力度由轻到重,在太阳穴部位画8字,按抚提升眼尾处。

点按额部
四指由额中打圈到太阳穴（分三行）并指压太阳穴3遍。

按压穴位
在额头用中指，无名指交替拉抹眉间川字纹，用大拇指轻按压印堂穴3遍。

提升眉肌
在额头四指合拢，指压拉抹额部（眉底间至发际线）3遍。

按抚额头
用手掌交替从眉间底到发际线向上提抹，在眉中画"8"字，预防川字纹。

向上拉抹，由中间到左侧再回到中间至右侧，按抚额头的皱纹2遍。

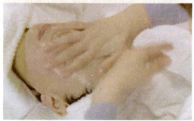

点压穴位
双手美容指点按上眼眶眉肌1遍。

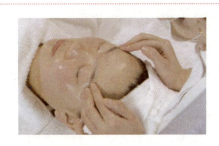

按摩结束动作
双手四指先一侧交替斜向上拉抹下颌肌肉,按三线顺序至太阳穴,整体提升面部轮廓,防止下垂,预防法令纹,嘴角下垂纹理,后换另一侧。
全过程时间15~20分钟。

(三) 操作流程

接待与咨询
了解顾客的皮肤类型及制定适宜的皮肤护理方案。

准备产品
按照护理操作流程从左至右依次摆放产品为:70%酒精、卸妆产品、清洁产品、化妆水、去角质产品、按摩产品、面膜产品、润肤霜。

单元三 衰老性皮肤护理

操作前准备工作
按操作规程依次完成铺床、清洁双手、包头、给双手消毒等操作前准备工作。

卸妆
使用蘸有卸妆液的棉片和棉签清洁面部彩妆，卸妆要彻底。

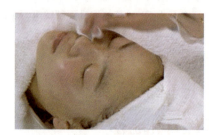

洁面
使用滋润抗皱型洗面奶清洁面部皮肤。
注意：避免产品进入顾客眼睛里。

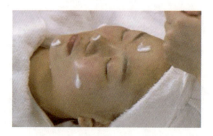

爽肤
用蘸有保湿营养水的棉片以面部按摩的基本方向擦拭面部。
彻底清洁，平衡皮肤pH值。

观察皮肤，使用美容放大镜观察皮肤

美容师从放大镜中观察顾客的皮肤。移动检测时，要按步骤顺序进行依次为：额头→左颊→下巴→右颊→鼻头，以免遗漏，影响诊断。

蒸面

使用奥桑喷雾仪蒸面，距离为25~30厘米，时间为8~10分钟。

去角质

细心观察皮肤去角质后的状态及清洁度。

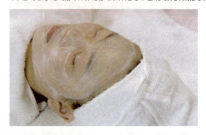

超声波导入

配合大声头将营养精华素导入5~10分钟。

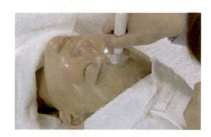

按摩
用滋养按摩膏使用祛皱手法按摩,时间为15~20分钟。

清洗
将按摩膏清洗干净,有助于骨胶原面膜的吸收。

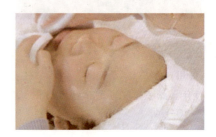

爽肤
用蘸有爽肤水的棉片进行爽肤,再用纸巾蘸掉多余的爽肤水,使皮肤保持干燥。

敷面膜
依次找出顾客鼻部、嘴部所在的位置,将骨胶原面膜按照顾客的脸型剪出,在下颌的位置用剪刀剪开,让颈部也能敷到面膜。在额部剪下一个三角形。

将剪好的面膜平铺在顾客面部来进行浸透,先蘸湿鼻部侧面和人中处,可让顾客呼吸顺畅,轻压面膜,让面膜紧贴皮肤表面。

将刚才剪下多余的面膜贴在鼻部和唇部,用暗疮针将骨胶原面膜中的气泡赶出面膜外。等候30~40分钟,揭下骨胶原面膜。

注意:赶气泡时要尽量轻柔,以免伤到顾客的眼睛。

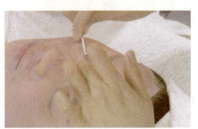

揭面膜

双手从下颌部开始,向上抬起并揭掉。

注意:不要清洗骨胶原面膜,让其营养成分在面部再次被吸收。

基本保养

涂爽肤水、面霜、眼霜和防晒霜。滋养保护皮肤。

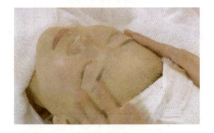

三、学生实践

（一）布置任务

做全套祛皱皮肤护理流程

在美容实训室，按照祛皱皮肤护理的操作步骤和要求，两人一组轮换操作练习。练习前先考虑以下问题：

（1）祛皱皮肤护理的特点是什么？

（2）祛皱皮肤护理与普通护理的区别是什么？

（3）祛皱护理应采用的按摩专业手法是什么？

（4）人在营养情况以及休息得到保证的情况下，仍然较早产生或有较多的面部皱纹，是什么原因呢？

（5）你需要特别注意以下问题：

给顾客洗面时最好使用软水，对皮肤有软化作用；最好用冷温交替的水洗面，可增加血液循环，使皮肤细腻净嫩。

洗面次数，一般早晚各一次，可发挥油脂的生理作用，又可去除皮脂等污垢物，因环境而定。

洗面应顺着面部血流方向、肌肉走向、经络顺序，从下而上、由内向外洗。

（二）工作评价（见表3-3-2）

表3-3-2 祛皱皮肤护理工作评价标准

评价内容	评价标准			评价等级
	A（优秀）	B（良好）	C（及格）	
准备工作	工作区域干净整齐，工具齐全，码放整齐，仪器设备安装正确，个人卫生仪表符合工作要求	工作区域干净整齐，工具齐全，码放比较整齐，仪器设备安装正确，个人卫生仪表符合工作要求	工作区域比较干净整齐，工具不齐全，码放不够整齐，仪器设备安装正确，个人卫生仪表符合工作要求	A B C

续表

评价内容	评价标准 A（优秀）	B（良好）	C（及格）	评价等级
操作步骤	能够独立对照操作标准，使用准确的技法，按照规范的操作步骤完成实际操作	能够在同伴的协助下对照操作标准，使用比较准确的技法，按照比较规范的操作步骤完成实际操作	能够在老师的指导帮助下，对照操作标准，使用比较准确的技法，按照比较规范的操作步骤完成实际操作	A B C
操作时间	规定时间内完成任务	规定时间内在同伴的协助下完成任务	规定时间内在老师帮助下完成任务	A B C
操作标准	包头规范，整齐无碎发	包头规范，稍有些碎发	包头不规范，忘记脖子上的颈巾	A B C
	清洁很干净，无残留	清洁较干净，边缘有残留	清洁不干净，有残留	A B C
	按摩动作规范，流畅，与皮肤45°贴合	按摩动作规范，不太流畅	按摩动作基本规范	A B C
	仪器操作使用正确	仪器操作基本正确	仪器操作不正确	A B C
	涂抹面膜均匀完整	涂抹面膜均匀不完整	涂抹面膜不均匀完整	A B C
整理工作	工作区域干净整洁无死角，工具仪器消毒到位，收放整齐	工作区域干净整洁，工具仪器消毒到位，收放整齐	工作区域较凌乱，工具仪器消毒到位，收放不整齐	A B C
学生反思				

 四、知识链接

（一）动态性皱纹与静态性皱纹

皱纹的分类方式很多，但有一种简单的分类，即将皱纹分为动态性皱纹和静态性皱纹：因表情而牵动出来的纹路为动态性皱纹，这是一般人可以忍受的；如果无论是否有表情,脸上都有一条条纹路,则属于静态性皱纹。形成静态性皱纹主要原因就是老化,当然动态性皱纹形成时间长了就会变成静态性皱纹。

(二)祛皱皮肤护理与普通皮肤护理在按摩手法上的区别

(1)祛皱皮肤护理着重在皱纹处进行专业手法的按摩,而普通护理没有针对性。

(2)祛皱护理要加强深层按摩,而普通护理只是以放松按抚手法按摩。

(3)祛皱护理要保持皮肤滋润,紧实面部肌肉,保持皮肤弹性。

(4)在皱纹处可使用仪器加强效果。

(三)哪些错误的方式会加速皮肤衰老出现皱纹呢?

(1)使用过热的水洗脸,过度地按摩,过度地去角质,均会使皮脂含量减少,角质层受损,丧失对皮肤的保护和滋润作用,皮肤老化更快。

(2)暴饮暴食,偏甜食、巧克力和肉类,酗酒,节食,过多或过于丰富的面部表情,如挤眉弄眼、皱眉、眯眼等。

(3)长期熬夜、过度疲劳、空气污染会影响皮肤的新陈代谢。

(4)吸烟的烟雾会损耗体内的维生素C而影响皮肤胶原纤维,致使皮肤松弛。

(5)空气干燥会使皮肤中的水分流失过快,导致皮肤粗糙,起皱纹。

专题实训

一、个案分析

个案分析：徐小姐是本店会员，因长期在电脑前工作，所以皮肤状态不是很好，最近感觉毛孔粗大，松弛下垂了许多，而且眼部开始出现了黑眼圈和细小皱纹，来店里做美容护理和眼部护理项目，效果不是很理想。你该如何处理此种情况？以下是你需要思考的问题，把你的思考记录下来。

（1）眼部皮肤的特点是什么？

（2）能说出黑眼圈是怎么形成的吗？

（3）在按摩时主要点按哪几个穴位来舒缓眼部疲劳？

（4）你能告诉顾客在日常生活中需要怎么保养眼部皮肤吗？

（5）如何根据顾客的皮肤判断皮肤类型？

（6）你能通过询问顾客的记录为顾客制定出专属她的护理方案吗？

（7）确认顾客能否按照你的方案准时来到店里做护理，将每次护理结果记录下来。

（8）你有过给顾客家庭护理的计划吗？

（9）顾客在日常生活中需要需要注意哪些方面？

（10）衰老性皮肤的护理重点是什么？使用什么仪器可以加强效果？

二、专题活动

在做本专题前，你要找到不同年龄段的女性顾客观察眼部和面部的皮肤问题，分别拍照，分析皮肤做出方案，内容如下：

25~30岁的　3位

30~35岁的　3位

35~40岁的　3位

在不同年龄段的顾客中，分别抽出一位间隔不同时间做面部加眼部护理，例如同一年年龄段中的第一位每周做一次面部加眼部护理,第二位15天做面部加眼部护理,第三位一个月做一次面部加眼部护理。将护理结果记录下来看眼部有何改善,皮肤有何变化。

(1)看黑眼圈的变化。

(2)看眼袋的变化。

(3)看皱纹的变化。

(4)看毛孔、肤质和皱纹的变化。

(5)由照片对比看提升和皱纹的变化效果。

(6)提出合理化建议让顾客预防眼部问题和面部问题的发生。

三、课外实训记录表

请将你在本单元学习期间参加的各项专业实践活动情况记录在下面表格中。

服务对象	时间	工作场所	工作内容	服务对象反馈